はじめに

世の中には何百種類もプログラミング言語がある。ひとつだけなら覚えるのも簡単なのに、なぜそんなにたくさんあるかというと、みんな目的が違うからだ。たとえば、キャラクターを動かすゲームをつくりたいなら、Scratchが向いている。そのしくみを使ってロボットを制御することもできる。でも、ScratchでインターネットのWebページをつくるのはむずかしい。それなら、HTMLとJavaScriptを使うほうがよいだろう。

じゃあ、目的ごとに言語を学ぶ必要があるのかというと、その答えはイエスでもあるし、ノーでもある。イエスなのは、多くの言語には似た性質があり、それは言語によって変わらないこと。ノーなのは、より高度なものをつくるには、目的

に合った言語を深く知る必要があることだ。

この本では、Scratchのゲームづくりからはじめて、ARに進み、ロボットを動かしてから、HTMLでWebページをつくって、最後はJavaScriptを加えてスマートフォンのアプリを完成させる。これらを通して、みんなは、これらの同じところと違うところを知ることになる。将来どんなものをつくるとしても、この経験が役に立つことを約束しよう。

2018年4月　青山学院大学 客員教授　阿部 和広

もくじ

プログラミングでなにができる？

この本の使い方	006
基本操作	007
保護者の方へ	008
プログラムってなんだろう？	010
プログラミングってどうやるの？	012

Part1 ゲームをつくろう

ゲームのしくみ	018
Scratchでゲームづくり	020
Scratchの基本操作を覚えよう	022
フラッピーキャットをつくろう	028
プレイヤーをつくろう	030
重力を再現しよう	034
アニメーションを加えよう	040
障害物をつくろう	044
フラッピーキャットを仕上げよう	048

Part2 ARをつくろう

ARってなんだろう？	056
ARをどうつくる？	058
ARドラムをつくろう	060
ARピアノをつくろう	068

Part3 ロボットを動かそう

ロボットのしくみ	074
ロボットとプログラミング	076
必要な機材とプログラミング環境	078
LEDを制御しよう	082
ボタンの活用とプログラムの転送	088
サーボモーターを制御しよう	092
センサーで踏切を改造しよう	098

ワニ型ロボットをつくろう ……………… 101
ワニ型ロボットを改造しよう …………… 109

Part4 Webサイトをつくろう

Webサイトのしくみ ……………………… 120
Webサイトはどうつくる？ ……………… 122
HTMLを書いてみよう …………………… 126
HTMLの構造を知ろう …………………… 131
企画書のWebページをつくろう ………… 135
画像とリンクを加えよう ………………… 146

Part5 スマホアプリをつくろう

スマホアプリはどうつくる？ …………… 152
アプリづくりの準備 ……………………… 154
あいさつアプリをつくろう ……………… 157
あいさつアプリを改造しよう …………… 162
クイズアプリをつくろう ………………… 168

プログラミングサポートページ

この本で使用するアプリケーションやソフトウェアのダウンロードなどを助けてくれる「プログラミングサポートページ」があるよ。大人といっしょに行う準備のほかに、この本で行ったことのチャレンジ編の内容も紹介しているから、ぜひ見てみよう。

https://kodomonokagaku.com/miraiscience/support/

チュータに
アドバイス
するよ！

プログラマーに変身したミライネコが、
チュータにアドバイスするよ。

プログラミング
のこと知りたい！

好奇心いっぱいのネズミ、
チュータはプログラミング初体験。
ネコプログラマーといっしょに
チャレンジしていくよ。

もくじ

この本の使い方

この本では、順を追ってプログラミングが体験できるように、緑の丸数字で手順を記載しているよ。この数字の手順を1つずつクリアしていこう。

見出し
これからやることの目標設定を示しているよ。

手順を示す緑の丸数字
本文の説明を読みながら、この数字の順番通りに作業を進めよう。

黒の矢印
「クリック」と「ドラッグ」以外の矢印は、この黒い矢印で示しているよ。

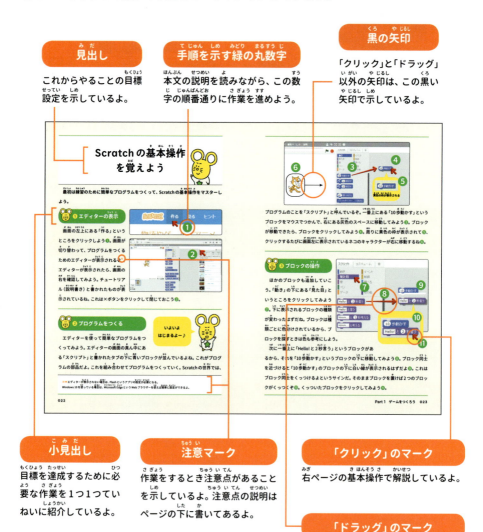

小見出し
目標を達成するために必要な作業を1つ1つていねいに紹介しているよ。

注意マーク
作業をするとき注意点があることを示しているよ。注意点の説明はページの下に書いてあるよ。

「クリック」のマーク
右ページの基本操作で解説しているよ。

「ドラッグ」のマーク
右ページの基本操作で解説しているよ。

基本操作

パソコンを使う上で基本となる操作を解説するよ。

カーソル

マウスの動きに合わせてパソコンの画面上を動く矢印のこと。文字を入力するところでは、形が右上のように変わるよ。

クリック

文中に「クリック」と記載があるところは、マウスの左ボタンを人差し指で1回押し、すぐに離す（「ダブルクリック」の場合は、マウスの左ボタンを人差し指で2回押し、すぐに離す）。文中では右上のマークで示しているよ。

右クリック

文中に「右クリック」と記載があるところは、マウスの右ボタンを中指で1回押し、すぐに離す。マークはクリックのマークといっしょだよ。

ドラッグ＆ドロップ

「ドラッグ」とは「引っぱる、引きずる」という意味だよ。文中にドラッグと記載があるところは、マウスの左ボタンを人差し指で1回押し、ボタンを押したまま指を離さずにマウスを動かそう。これがドラッグだ。「ドロップ」は「ポトっと落ちる」という意味だよ。ドラッグしているマウスを目的の位置まで動かし、指を離す。これがドロップだ。文中では、ドラッグ＆ドロップを合わせて「ドラッグ」と記載していて、右上のマークで示しているよ。

フォルダーの作成と名前の変更

フォルダーはファイルを入れてまとめておくための入れ物だよ。複数のファイルを1つのフォルダーにまとめておくことで、使いやすく整理できるんだ。また、フォルダーをつくったら、どんなファイルを入れたのかがわかる名前に変更しておくとよいよ。名前を変更するには、フォルダーにカーソルを合わせて「右クリック」し、「名前の変更」をクリック。わかりやすい名前を入力してEnterキーを押せば変更できるよ。

保護者の方へ

●本書は2018年4月時点での情報をもとに作成しています。各Partで使用するアプリケーションやソフトウェアのバージョン、画面などは、本書のご利用時に更新されている可能性もございます。更新情報については、以下の特設プログラミングサポートページにてご案内をしていますのでご参照ください。

子供の科学★
ミライサイエンスシリーズ
プログラミングサポートページ

https://kodomonokagaku.com/miraiscience/support/

●本書のPart 3ではロボットプログラミングを紹介していますが、この内容を行うにあたり、ロボットプログラミングキット「新KoKaスタディーノプログラミングセット」を使用しています。Part 3の内容を行っていただくには、以下の「子供の科学」の教材販売サイト「KoKa Shop!」で、キットをお求めください。

KoKa Shop!

http://shop.kodomonokagaku.com

●本書の内容を行うためには、パソコンとインターネット接続が可能な環境が必要です。

●本書で紹介している説明や画面は、Windows 10の使用を想定しています。他のOSを使用した場合、画面や必要な作業、手続きなどが変わる可能性もございますので、あらかじめご了承ください。

●本書の内容には、アプリケーションやソフトウェアをダウンロードして行うもの、インターネットを利用したアカウント登録が必要なものを含んでいます。該当箇所は右のマークで示していますので、注意事項をお読みいただき、お子様といっしょに行ってください。

●インターネットを使用することで、有害サイトへのアクセスやアプリケーションの課金登録も可能になります。そのため、インターネットの使用については、事前にお子様と話し合い、ご家庭でのルールを決めた上で使用していただくことをおすすめいたします。

●本書のPart 4、Part 5では、テキスト言語を使ったプログラミングを紹介しています。本文中で紹介したプログラムは左ページのプログラミングサポートページからダウンロードできますので、プログラムがうまく動作しないときは、ダウンロードしたプログラムをお試しください。

キーボード操作について

　本書をご利用いただくにあたっては、パソコンのキーボード操作が必要になりますが、各Partでは以下の操作ができることを前提としています。キーボードの詳しい使用方法については、お使いのキーボードの説明書をご参照いただくか、各メーカーのサポートページなどをご覧ください。

Part 1：半角数字と符合（＋－）の入力、日本語（あいさつ文、名前）の入力
Part 2：半角数字と符合（＋－）の入力、日本語（名前）の入力
Part 3：半角数字と符合（＋－）の入力、日本語（名前）の入力
Part 4：半角英数字全般の入力、日本語（名前）の入力
Part 5：半角英数字全般の入力、日本語（名前）の入力

プログラムってなんだろう？

運動会の前に配られるプログラムには、「どんなことを、どんな順番に行うか」が書かれていて、その通りに競技が進んでいくよね。コンピューターのプログラムもこれと同じだ。コンピューターがどんなことを、どんな順番に行うかを書いたものがプログラムなんだ。

だから、コンピューターになにかをしてもらうためには、プログラムを書いて動作を指示してあげる必要がある。これからこの本でみんなが取り組む「プログラミング」というのは、コンピューターにやってもらいたいことの指示を書くことだよ。

みんなはコンピューターでどんなことをしているかな？ インターネットを見たり、ゲームをしたり、文章を書いたり、絵を描いたり、いろいろなことができるよね。

コンピューターでなにかしようとするときには、そのためのアプリケーション（アプリ）やソフトウェア（ソフト）と呼ばれるものを使う。このアプリやソフトの正体がプログラムだ。

ゲームのプログラムを渡せば、そのコンピューターはゲーム機に変身するし、絵を描くプログラムを渡せば、お絵描きの道具に変身する。プログラムを入れ替えれば、コンピューターを便利でおもしろい道具に変身させることができるんだ。

この本では、いろいろなものをつくって体験しながら、プログラミングでどんなことができるのかを紹介していくよ。

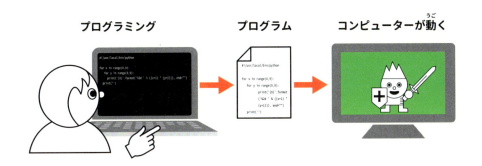

プログラミングってどうやるの？

コンピューターに命令を理解してもらうためには、コンピューターがわかる言葉で伝える必要がある。それが「プログラミング言語」だ。

日本語や英語などさまざまな言葉が使われているのと同じように、プログラミング言語にもいろいろな種類がある。コンピューターになにをさせたいかによって、それに合ったプログラミング言語を選んで使うんだ。よく使われるプログラミング言語を14ページにまとめてみたよ。言語によって決まりが違うので、アプリやソフトを開発するようなプロの人は、外国語を習得するように、言語の使い方を勉強する。

この本では、初心者が取り組みやすいScratchとJavaScriptというプログラミング言語を使ってプログラミングに挑戦するよ。また、HTMLというWebページをつくるための言語も使ってみるよ。

> 覚えることが少ない言語からはじめるのがおすすめだよ！

Scratch

アメリカのマサチューセッツ工科大学にあるメディアラボという研究所で開発された初心者向けの言語。マウスを使ってカラフルなブロックにより命令を組み立てていく方式（ビジュアル言語という）だから、ゲームやアニメーションなどを手軽につくることができるぞ。

JavaScript

インターネット上で使えるアプリケーションをつくるためにつくられた言語。テキストを書いていく方式だからちょっとむずかしくなるけど、Webサイトをつくったり、スマホのアプリをつくったりすることができるんだ。

```
function quiz3(){
    var answer = prompt("ヒント：英語で3文字だよ");
    if(answer == "var"){
        alert("すごい！正解だよ！");
        location.href = "record.html";
        sessionStorage.score++;
    }else{
        alert("残念！はずれ！");
        location.href = "record.html";
    }
}
```

! もっと知りたい！ 機械語はむずかしい

コンピューターは「機械語」と呼ばれる、CPU（中央処理装置）の種類によって異なるシンプルな言語で命令を実行する。でも機械語は、人間が読み書きをするのがむずかしい。そこで人間が命令を書いたり、読んだりしやすいようにつくられたのがプログラミング言語なんだ。

人間がプログラミング言語で書いた命令は、「コンパイラー」や「インタープリター」と呼ばれるしくみで翻訳されることで、コンピューターが理解できるようになり、プログラムが実行されるぞ。

013

❗ もっと知りたい！ いろいろなプログラミング言語

プログラミング言語は、プロが使うものから初心者向けのものまでたくさんの種類がある。ここではぜんぶを紹介できないけど、前のページで説明した2つ以外で、代表的なものをまとめたよ。

Python（パイソン）

人工知能の開発から科学計算まで、いろいろなことに使われている言語。シンプルなので、プログラミングの入門用として利用されることも多い。

Ruby（ルビー）

日本で開発された言語。Ruby on Rails（ルビー オン レイルス）というしくみを使って、Webアプリケーション（Webブラウザーを使って操作するアプリケーション）をつくることもできる。

Swift（スイフト）

アップル社が開発した言語で、iPhoneやMacで動作するアプリケーションをつくるときに使う。

Objective-C（オブジェクティブシー）

Swiftと同じく、主にiPhoneやMacで動作するアプリケーションをつくるときに使われる。

Arduino（アルデュイーノ）

マイクロコントローラーという小型のコンピューターにプログラムを書き込むときに使われる言語。書き方はC言語に似ている。マイクロコントローラーを組み込んだロボットなどの機械をプログラムで動かすときに役に立つ。プログラミング言語だけでなく、マイクロコントローラーの基板なども合わせてArduinoと呼ばれる。

Viscuit（ビスケット）

キャラクターの動きを、「こうなったら」「こうなる」という絵を並べてプログラミングするビジュアルプログラミング言語。命令を覚えたり、その順番を気にしたりしなくてもよいので、小さな子供から大人まで楽しく取り組める。

C（シー）

歴史が古く、今でもいろいろなところで使われている言語。ほかのさまざまなプログラミング言語をコンピューターがわかるように翻訳するためのしくみをつくるのにも使われる。

C++（シープラスプラス）

C言語をもとにして、さまざまな改良を加えた言語。ゲーム開発をはじめとした、さまざまな用途に使われている。

C#（シーシャープ）

マイクロソフト社が開発したプログラミング言語。もともとはマイクロソフト社のWindowsで使えるアプリケーションを開発するためにつくられたが、今ではいろいろな用途に使われている。

Java（ジャバ）

企業で使うシステムから、Androidのアプリまで、さまざまな場所で使われている。JavaScriptと名前が似ているけれど、別の言語なので注意。

PHP（ピーエイチピー）

Webアプリケーションをつくるためにつくられた言語。サーバー（インターネットに接続されていて、ほかのコンピューターからのアクセスを処理するコンピューター）で動作するプログラムをつくることができる。

015

Part 1

ゲームをつくろう

みんなはゲームで
遊ぶのは好きかな？
ゲーム機やスマホで遊ぶ
おもしろいゲームが
いっぱいあるけど、Part 1 では
自分でプログラミングして
ゲームをつくっちゃうよ。

ゲームのしくみ

遊びたいゲームがあったら、ゲーム機やスマホにそのゲームのソフトやアプリが入っている必要がある。そのため、ゲーム機にカードやディスクをセットしたり、ソフトやアプリをダウンロード※したりするよね。

そのソフトやアプリに記録されているのは、ゲームの中に登場するキャラクターや背景などの画像データ、それからBGMや効果音などの音声データ、そしてゲームを動作させるプログラムだ。

ゲーム機は、ゲーム専用のコンピューターだ。ゲームソフトの中に

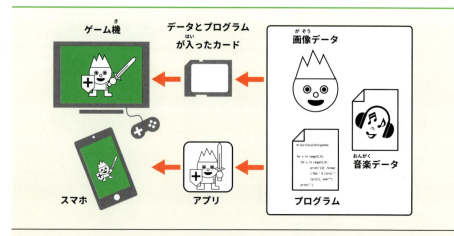

※ダウンロード➡コンピューターにソフトやアプリなどを取りこむこと

は、「コントローラーのボタンが押されたらどのようにキャラクターを動かすか」、「効果音やBGMをいつ鳴らすか」といった、ゲーム機に命令するプログラムが書かれている。ゲーム機は、ソフトに入っている画像や音声のデータを使って、プログラムの指示通りに動作するんだ。だから、違う画像や音声、プログラムが入ったソフトに入れ替えれば、同じ1台のゲーム機でいろいろなゲームができるよね。

　パソコンやスマホのゲームアプリも、基本的には同じしくみだけど、ゲーム機、パソコン、スマホなど、コンピューターの種類によって、同じゲームだとしても命令するためのプログラミング言語が違うから、同じソフトでは動かないんだ。

！ もっと知りたい！　プロのゲームづくり

　お店で売っているような本格的なゲームソフトは、たくさんの人が役割分担をしてつくっていくんだ。画像データは、絵を描くのが得意な「デザイナー」が描くし、音声データは音楽をつくるのを専門にしている「コンポーザー」という人たちがつくっている。そして、プログラムをつくるのが「ゲームプログラマー」という人たちだ。ほかにも何度もゲームをしてプログラムのミスをチェックする「テスター」や、ゲームの企画を考えたり、製作チームをまとめる「プロデューサー」など、大ヒットするようなゲームの裏には、大勢のスタッフが関わっているんだよ。

Part 1　ゲームをつくろう　019

Scratchで ゲームづくり

さあ、ここからいよいよプログラミングをしていくよ。Part 1では「Scratch」というプログラミング言語を使って、ゲームをつくりながらプログラミングの初歩を学んでいこう。完成させるゲームは、「フラッピーキャット」というアクションゲームだよ。

プログラミングができれば、自分で新しいゲームをつくって、それを友だちに遊んでもらうなんてこともできる。Scratchには、つくった作品をインターネットに公開して、世界中の人に見てもらうしくみも用意されているぞ。

さっそくScratchのサイト（http://scratch.mit.edu）にアクセスしてみよう。検索サイトで「Scratch」という言葉を検索して見つけるといいよ。Scratchはインターネットに接続されたコンピューターがあれば、すぐに使いはじめることが

アクションゲームを
完成させることが
目標だ！

※Scratchのサイトにアクセスしたときに、「ページに何か欠けていますか？」と表示された場合は「OK」をクリック。画面の上のほうにあるFlashの設定アイコンをクリックして、「常に許可」を選択しよう。

020

Scratchのトップページ

できるんだ※。

Scratchのトップページは表示できたかな？　そうしたら、次からScratchを使ってみて、基本操作を覚えていこう。

これが
Scratchの
最初の
画面だよー。

 もっと知りたい！

ほかの人の作品を見る

Scratchのサイトでは、世界中の人たちがつくった作品を見ることができるんだ。また、そのプログラムを改造することもできちゃうよ。ほかの人の作品を見たり、それをアレンジしてみたりすると、プログラミングの腕が磨かれていくぞ。Scratchはゲームをつくるためだけのプログラミング言語ではないから、工夫しだいでいろいろなものがつくれる。ゲーム以外の作品もチェックしてみよう。

Part 1　ゲームをつくろう　021

Scratchの基本操作を覚えよう

最初は練習のために簡単なプログラムをつくって、Scratchの基本操作をマスターしよう。

❶ エディターの表示

画面の左上にある「作る」というところをクリックしよう❶。画面が切り替わって、プログラムをつくるためのエディターが表示されるぞ※。エディターが表示されたら、画面の右を確認してみよう。チュートリアル(説明書き)と書かれたものが表示されているね。これは×ボタンをクリックして閉じておこう❷。

❷ プログラムをつくる

いよいよはじまるよー♪

エディターを使って簡単なプログラムをつくってみよう。エディターの画面の真ん中にある「スクリプト」と書かれたタブの下に青いブロックが並んでいるよね。これがプログラムの部品だよ。これを組み合わせてプログラムをつくっていく。Scratchの世界では、

※→エディターが表示されない場合は、Flashというアプリの設定が必要になる。
Windows 10を使っている場合は、Microsoft EdgeというWebブラウザーを使えば簡単に設定ができるよ。

022

プログラムのことを「スクリプト」と呼んでいるぞ。一番上にある「10歩動かす」というブロックをマウスでつかんで、右にある灰色のスペースに移動してみよう❸。ブロックが移動できたら、ブロックをクリックしてみよう❹。周りに黄色の枠が表示されて❺、クリックするたびに画面左に表示されているネコのキャラクターが右に移動するね❻。

❸ ブロックの操作

ほかのブロックも追加していこう。「動き」の下にある「見た目」というところをクリックしてみよう❼。下に表示されるブロックの種類が変わったはずだね。ブロックは種類ごとに色分けされているから、ブロックを探すときは色も参考にしよう。

次に一番上に「Hello!と2秒言う」というブロックがあるから、それを「10歩動かす」というブロックの下に移動してみよう❽。ブロック同士を近づけると「10歩動かす」のブロックの下に白い線が表示されるはずだよ❾。これはブロック同士をくっつけるよというサインだ。そのままブロックを置けば2つのブロックがくっつくぞ❿。くっついたブロックをクリックしてみよう⓫。

Part 1 ゲームをつくろう 023

ネコのキャラクターが右に動いてから⓬、「Hello!」と書かれた吹き出しが表示されるね⓭。つまりブロックを重ねた順番に、上から命令が実行されるんだ。何回もクリックしていると、画面の右端にネコのキャラクターが移動して見えなくなってしまう。そういう場合は、ネコをマウスでつかめば移動できるぞ。画面の真ん中に戻しておこう⓮。

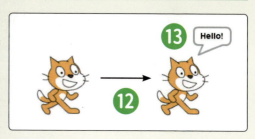

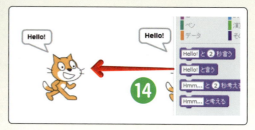

❹ 緑の旗を使う

つくったスクリプトはクリックで実行することができるけれど、スクリプトが増えてくると大変だよね。そこで「▶がクリックされたら」というブロックを使ってみよう。画面の真ん中の「イベント」というところをクリックするぞ⓯。次に「▶がクリックされたとき」というブロックをこれまでつくったスクリプトの一番上につなげよう⓰。

このブロックにある▶はネコのキャラクターが表示されている画面の右上にある▶のボタンのことだ。▶をクリックすれば「10歩動かす」と「Hello!と2秒言う」がブロックをクリックしたときと同じように、順番に実行できるから試してみよう⓱。すべてのスクリプトを止めたい場合は、▶の右にある赤いボタンをクリックしよう⓲。

❺ 文字の入力

ブロックの「Hello!」と書かれた部分は、クリックすると自由に文字を入力することができる。ブロックの白くなっている部分には、文字や数字を入力したり、ほかのブロックをはめ込んだりすることができるよ。試しに「Hello!」という文字を削除してから、「こんにちは！」と入力してみよう❾。変更が終わったら、▶をクリックして動作を確認してみよう。

❻ ブロックの削除

つくったスクリプトやいらないブロックを削除したい場合は、消したいものをマウスでつかんで、左側のブロックパレットに移動すれば消すことができるぞ⑳。消したいものを右クリックして表示されるメニューから「削除」を選んでもよいね。

❼ まとめ

以上が Scratch を使ってスクリプトをつくる基本的な手順だ。最後にエディターの主な部分の名前と役割について右の図に整理したぞ。エディターを表示したときにはネコのキャラクターが1匹表示されていたね。こうしたキャラクターのことを「スプライト」と呼ぶよ。スプライトが表示されている部分が「ステージ」だ。ここに作品をつくっていくことになる。Scratchではそれぞれのスプライトごとにスクリプトをつくっていく。スクリプトをつくるスプライトを切り替えたいときは「スプライトリスト」を使うよ。

Part 1 ゲームをつくろう 025

> ここが知りたい！

作品を保存するには？

次に自分でつくった作品を保存する方法について説明しよう。Scratchのサイトにユーザ登録をすると、インターネット上に作品を保存することができるぞ。

Scratchのユーザー登録

つくった作品を保存するにはユーザー登録が必要です。13歳未満の方がユーザー登録を行うためには、保護者の方のメールアドレスを使用して、お子様の登録を確認する必要があります。詳しい登録の手順は以下のサポートページ内で解説を行っていますので、「Scratchのユーザー登録」の項目をご覧いただき、お子様といっしょに登録を行ってください。

https://kodomonokagaku.com/miraiscience/support/

登録が完了すると作品の保存ができるようになりますので、以下の解説をお読みいただき、保存方法や、保存した作品の続きをつくる方法などをご確認ください。

❶ 大人といっしょにサインインをしたら、エディターの画面の右上に注目してみよう❶。サインインのときに入力したユーザー名が表示されているね。それと「保存しました」という表示がされている。これはインターネット上につくった作品を保存したことを示すサインだよ。

❷ サインインした状態でつくった作品は自動的にインターネット上に保存されるようになっている。手動で保存したい場合は、ファイルメニューから「直ちに保存」を選択すると保存できるぞ❷。

026

画面右上にある「共有」というボタンを押すと、インターネットで自分の作品を公開できるようになっている。共有機能を使いたい場合は、登録したメールアドレスに届いている確認のためのメールをチェックする必要があるよ。オレンジの！のマークがついている状態では共有機能は使えないぞ。メールアドレスの入力を保護者の人に頼んだ場合はメールを確認してもらって「電子メールアドレスの認証」というボタンを押してもらおう❸。これで共有の機能が使えるようになるぞ。

それと「プロジェクトページを参照」のボタンを押すと、作品の説明などが書けるページを編集することができるよ。共有する場合は、操作方法などをきちんと書いておくとよいね。Scratchのサイトを見たときに、画面右上に自分のユーザー名が表示された状態になっていることを確認するようにしよう❹。

もし自分のユーザー名が表示されていない場合は、作業をする前に「サインイン」をクリックして❺、サインインしてから作業をするようにしよう。

自分でつくった作品はScratchのサイトの右上にあるフォルダーのアイコンか❻、エディターの右上にある「S」と書かれたフォルダーのアイコンをクリックすると❼、見ることができるよ。

作品の続きをつくりたい場合は「私の作品」のページの一覧から「中を見る」をクリックすると❽、エディターの画面が表示されるぞ。

Part 1　ゲームをつくろう　027

フラッピーキャット をつくろう

Scratchの基本操作はマスターできたかな？ここからは、「フラッピーキャット」と名づけたゲームをつくりながら、プログラミングを本格的に学んでいくぞ。前のページの「作品を保存するには？」がまだなら、先にやっておこう。

❶ ゲームの設計

ゲームをつくるときには、まずはどんなゲームをつくりたいかを考える必要があるね。最初は大まかでもよいからゲームのルールや画面の様子などをまとめてみよう。フラッピーキャットは「フラッピーバード」（http://dotgears.com/apps/app_flappy.html）というゲームをまねしてつくる、Scratch版のフラッピーバードだ。フラッピーバードは2013年につくられて、とても人気があったスマホ用のゲームアプリだよ（下の「もっと知りたい！」を参照）。このゲームは、主人公の鳥をスマホの画面をタップして

❗ もっと知りたい！ フラッピーバードとは？

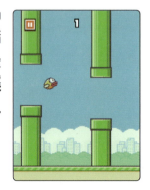

画面をタップすると、プレイヤーの鳥が少しだけ上に向かって移動する。画面のタップをやめると鳥は自然に地面に落ちてしまう。タップのタイミングを調整して鳥の高度を保ち、画面の右から迫ってくる土管の間をぬって飛び続けるというゲームだ。土管をクリアするたびに画面の真ん中に表示されたスコアがアップしていく。できるだけ長く飛び続けて、ハイスコアを狙うゲームだよ。

操作するアクションゲームだ。

そして、右がこれからつくるフラッピーキャットのゲーム画面だよ。コンピューターを使ってプレイするから、タップの代わりにスペースキーでネコのキャラクターを操作する。

スペースキーをタイミングよく押し、ネコの高度を保ちながら、右からやってくる障害物の岩を避けよう。岩が画面の左まできたらスコアがアップするよ。岩に当たるか、地面か天井にネコが触れるとゲームオーバーだ。

❷ ゲームをつくる順番

つくりたいゲームが整理できたところで、このフラッピーキャットをつくる順番について考えてみよう。作品をつくる順番を考えるところからプログラミングははじまっているぞ。つくる順番に正解はないけれど、少しつくったらうまく動いているか試せるようにつくっていくのが基本だよ。今回は、下の図の順番でつくっていくぞ。

作品をつくるための順番

プレイヤーをつくる → 重力を再現する → プレイヤーにアニメーションを追加 → 障害物をつくる → 作品を仕上げる

Part 1 ゲームをつくろう　029

プレイヤーをつくろう

プレイヤーはゲームの主人公。ゲーム中にキミが操作をするキャラクターだ。まずはこの主人公の姿を決めて、どんな動き方をするのか設定していこう。

❶ プロジェクトの準備

エディターの画面を表示している場合は、ファイルメニューから新規を選ぼう❶。「私の作品」のページから「新しいプロジェクト」を選択してもよいぞ❷。

次にステージの上にある「Untitled（日本語で「無題」という意味）」と書かれた部分をクリックして削除し、「フラッピーキャット」と入力しておこう❸。

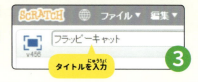

❷ プレイヤーの作成

プレイヤーが操作する空飛ぶネコのスプライトを用意しよう。最初に用意されているネコのスプライトは削除してしまおう。スプライトリストからネコを右クリックすると、メニューが表示されるぞ。メニューの「削除」をクリックすれば❹、スプライトが削除できる。

次に、ステージの右下にあるボタンから「スプライトをライブラリーから選択」をクリックしよう❺。

スプライトライブラリーが表示されたら、左のカテゴリーから「動物」を選択して❻、「Cat1 Flying」と書かれたスプライトを選択しよう❼。最後に「OK」をクリックだ❽。

ステージ上に新しいスプライトが表示されたかな？❾ 新しくつくったスプライトには、名前をつけておこう。スプライトリストに表示されている Cat1 Flying の青いⓘの文字をクリックすると❿、スプライトの情報が表示されるぞ。Cat1 Flying と書かれた部分をクリックして、プレイヤーと入力しておこう⓫。

プログラムで使う部品にわかりやすい名前をつけていくのは、プログラミングの基本テクニックだよ。これからも新しいスプライトをつくったら、自分で名前を入力するようにしよう。

Part 1　ゲームをつくろう　031

❸ 座標とは？

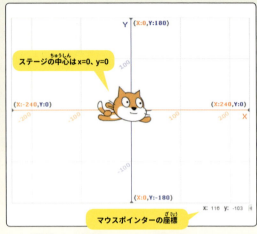

まずはプレイヤーが画面の下に移動するスクリプトをつくってみよう。スプライトを動かすにはいくつかの方法があるけれど、座標を使って動かす方法を使うよ。スプライトは、横の位置を示すx、縦の位置を示すyという座標の情報をもっている。ステージの中心ではxもyも0になり、左端のx座標は－240、右に行くにしたがって増えて、右端は240だ。y座標については、ステージの上端が180で、下端は－180だよ。

❹ プレイヤーを下に動かす

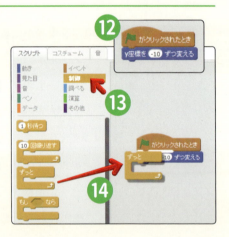

スプライトを下に動かすには、y座標を減らすんだ。まずは、プレイヤーが下に動くようにしてみよう。プレイヤーのスプライトに⑫のスクリプトをつくってみよう。－10の部分は最初に10の数字が入っているから、クリックして－（マイナス）をつけ加えよう。

🚩を何回かクリックしてみよう。クリックするたびにプレイヤーのスプライトがステージの下のほうに移動するね。ずっと下に落ちるようにするにはどうすればよいかな？「y座標を－10ずつ変える」というブロックを繰り返して実行すればよいね。プログラミングではこの「繰り返し」をよく使うよ。そのためのブロックが「制御」のパレットの中に入っている。パレットを「制御」に切り替えてから⑬、「ずっと」のブロックをドラッグして、座標を移動させるブロックを囲むようにはめてみよう⑭。

この「ずっと」のブロックは、間に挟んだブロックを繰り返して実行するためのブロックだ。🚩をクリックしてみると、今度はプレイヤーのスプライトが下に移動し続けるね。プレイヤーのスプライトはステージの下につかえて止まるはずだ❻。マウスで上に移動し

て離せば、また下に落ちていくことも確認してみよう。スクリプトの実行を止めたいときは🚩の右にある赤いボタンを押すんだったね❻。

❹ 最初の位置を設定する

次はゲームがはじまったときにプレイヤーのスプライトが画面の上に表示されるように改造してみよう。スプライトをワープさせたいときは、x座標とy座標を指定するブロックを使うぞ。「動き」のパレットから「x座標を○○、y座標を○○にする」というブロックを「ずっと」の上に追加しよう⓱。最初の位置は、x座標を−100、y座標を150と入力しておこう⓲。🚩をクリックすると、プレイヤーのスプライトが一度ステージの上にワープしてから、下に落ちていくぞ。

こんな風に少しずつブロックを加えて、実行し、その動作を確認しながらつくるのがうまくスクリプトを組み立てていくコツだよ。そして最初からつくりたい動作をつくるのではなく、まずは単純なものをつくって、少しずつゴールに近づいていくようにするのも大切だ。これからだんだんとプレイヤーのスクリプトを改造して、完成させていこう。

重力を再現しよう

次に「変数」という数字や文字を保存しておく箱を使って、スペースキーを押すと、少し上昇するけど、だんだん遅くなって止まり、速くなりながら落ちてくるようなプレイヤーの動きをつくっていこう。

❶ 重力と速度

プレイヤーの動きに重力のはたらきを加えることで、ゲームがぐんとリアルになるぞ。
下の図を見てみよう。黒い矢印はスプライトの「速度」を表現しているよ。最初は長く（＝速く）、だんだんと短く（＝遅く）なって、頂点ではなくなる（＝0になる）。落ちてくるときはだんだんと長くなっている（＝徐々に速くなる）ね。プレイヤーのスプライト

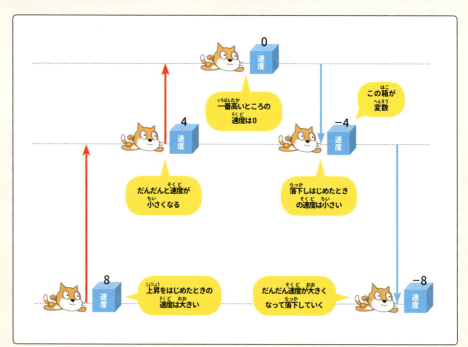

に重力のはたらきを加えるには、「変数」を使って「速度」を数字としてスクリプトの中に埋め込んであげるんだ。みんなが普段遊んでいるアクションゲームでも、プレイヤーがジャンプしたときはこのような動きをするはずだよ。

❷ 変数をつくる

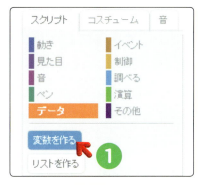

まず、この「速度」をしまっておくための「変数」をつくろう。変数はプログラムの中で使う数字や文字を保存しておく箱のようなものだよ。

ブロックパレットの「データ」を選択して「変数を作る」ボタンをクリックしよう❶。変数名に「速度」と入力して❷、その下のボタンで「このスプライトのみ」を選んで「OK」をクリックすれば変数をつくることができる。新しく変数をつくることを「変数を定義する」ともいう。

プロジェクトのすべてのスプライトから変数を使いたい場合は、変数名の入力の下のボタンで、「すべてのスプライト用」を選択するんだ。たとえばゲームのスコアを保存しておく変数などは「すべてのスプライト用」にしておくとよい。

今回はプレイヤーのスクリプトからしか使わない変数なので「このスプライトのみ」を選択したよ。変数ができると「データ」のパレットに新しいブロックが追加されるぞ❸。

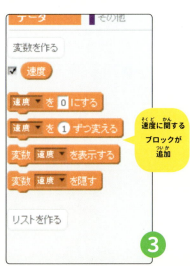

Part 1 ゲームをつくろう 035

❸ 落ちる速度の設定

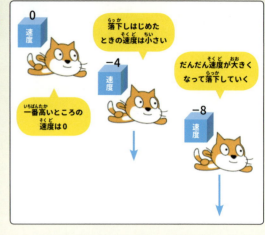

この変数を使って、スプライトが落ちていくスクリプトをつくっていこう。速度の箱には数字をしまっておくんだったね。最初は速度の数字を0にして、だんだんとこの数字を減らしていく。0より小さくしていくからマイナスになるね。この速度の数字の分だけプレイヤーのスプライトの座標を動かすようにすれば、だんだんと速く落ちるようにすることができるぞ。

まずは🏁が押されたときの速度を0にしよう。「速度を0にする」というブロックを「🏁がクリックされたとき」の下に加えるぞ❹。これで落ちはじめるときの速度を0にすることができたね❺。

次に「速度」と書かれたブロックを「y座標を－10ずつ変える」の－10の部分にはめよう❻。これで、y座標を速度の数字だけ移動できるようになったぞ。

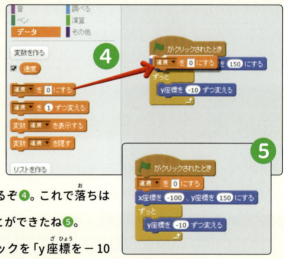

④ 速度を少しずつ変える

変数を作る

☑ 速度

速度 ▼ を 0 にする

速度 ▼ を 1 ずつ変える

変数 速度 ▼ を表示する

変数 速度 ▼ を隠す

⑦

がクリックされたとき

速度 ▼ を 0 にする

x座標を -100 、y座標を 150 にする

ずっと

y座標を 速度 ずつ変える

速度 ▼ を 1 ずつ変える

がクリックされたとき

速度 ▼ を 0 にする

x座標を -100 、y座標を 150 にする

ずっと

y座標を 速度 ずつ変える

速度 ▼ を -0.8 ずつ変える

－0.8を入力 ⑧

これで試しに🚩をクリックしてみよう。プレイヤーのスプライトは動かないよね。なぜなら速度は0のままだからだ。現実世界と同じような動きにするためにはどうしたらよいかな。常に同じ大きさの重力がはたらいているから、落ちていく速度は大きくなっていくはずだね。これを再現するためには、だんだんと速度をマイナスに大きくすればよいね。まずは「y座標を速度ずつ変える」のブロックの後に「速度を1ずつ変える」を加えよう⑦。速度を少しずつマイナスに大きくしたいので、1を消して－0.8とすれば完成だ⑧。34ページの説明の図では、キャラクターの速度は0からはじまって、次に－4になって、最後に－8になっていたね。実際のプログラムでは、速度を0.8ずつ減らしているんだ。0.8ずつ減らすことを5回繰り返すと、速度は元の値から4（0.8×5）だけ減ることになる。つまり説明の図は、繰り返しが5回ずつ行われたときのそれぞれの速度の値を描いたものだよ。

　この－0.8という数字は、ゲームの難易度を考えて設定した数字だよ。0に近い数字にすれば、落ちる速度は遅くなるから、障害物を避けやすくなり、ゲームは少し簡単になる。逆に落ちる速度が速ければ、上昇させるキー操作が増えるから、ゲームはむずかしくなるよね。最終的にゲームが完成した後に、プレーしてみてこうした数字を調整すればよい。今回はゲームのプログラマーと、完成したゲームの難易度や不具合を見つけるテスターを1人で担当しているから、ゲームの難易度を調整するのもキミの役目だよ。

Part 1　ゲームをつくろう　037

⑤ スペースキーの設定

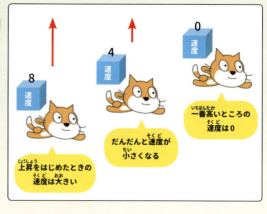

次はスペースキーを押すと少し上昇するようにスクリプトを改造していこう。上昇するときは、速度をプラスに設定してあげればいいんだ。最初は速く上昇して、だんだんと速度が小さくなって止まるような動きになればよいね。速度をだんだんとマイナスに大きくするスクリプトはすでにつくってあるから、スペースキーを押したときに、速度をプラスの数字にしてあげるだけでうまくいくぞ。この数字が大きければ速いスピードで高くまで上昇するし、小さければあまり上昇しないということになるね。ゲームの画面や難易度を考えると最初の速度は8くらいに設定してあげるとよさそうだよ。

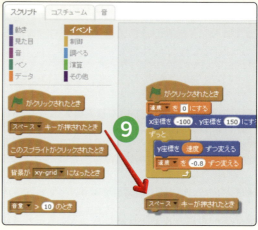

ブロックパレットの「イベント」を選択して「スペースキーが押されたとき」のブロックをスクリプトエリアに追加しよう❾。次はブロックパレットを「データ」に変更して「速度を0にする」をその下に追加する❿。

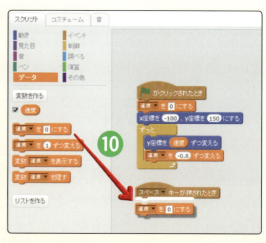

0の部分を8に変更すれば完成だね⓫。🚩をクリックして、スペースキーを押してみよう。スペースキーを押すと、プレイヤーのスプライトが少し上昇する。スペースキーを押しても上昇しないときは、入力モードが「半角（英数）」になっているかを確認しよう。何回も連続して押すと、その分だけ上昇するよね。これでフラッピーバードのようなプレイヤーの動きが再現できたぞ。

8を入力 ⓫

ステージの左上には速度の変数の情報が表示されているはずだね⓬。スクリプトをつくっている最中は、これで変数の内容が確認できて便利だけれど、ゲームをするときには邪魔だよね。変数の表示を隠したい場合は、「データ」のブロックパレットにある「変数 速度 を隠す」をクリックすると⓭、表示を消すことができるぞ。

ステージに変数が表示されている ⓬

⓭

これで動きは再現できたね。次はよりゲームらしくする工夫として、上昇しているときと、落ちているときでプレイヤーの見た目を変更させることに挑戦しよう。

Part 1 ゲームをつくろう　039

アニメーションを加えよう

ここでは、プレイヤーの動きに合わせて見た目を変えていこう。Scratchではスプライトの見た目のことをコスチュームと呼ぶぞ。

❶ コスチュームの画面を開く

スプライトのコスチュームを確認したい場合は「コスチューム」というタブを選択する❶。コスチュームの一覧とペイントエディターが表示されるぞ。

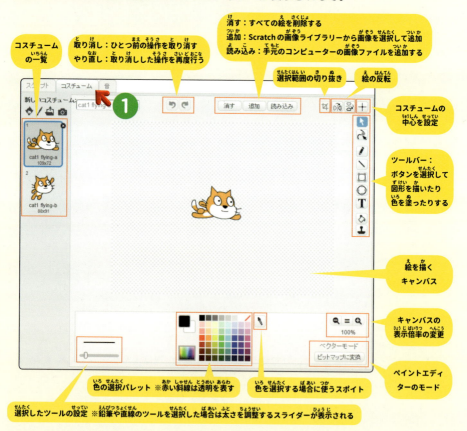

❷ 条件分岐のスクリプトをつくる

ここで注目してほしいのは、スプライトの一覧だよ❷。一覧には「cat1 flying-a」という名前のコスチュームと「cat1 flying-b」という2つのコスチュームがあるはずだ。最初のコスチュームはプレイヤーが落ちているときに表示して、2つ目のコスチュームは上昇しているときに表示するようにしてみよう。

ある条件を調べて（落ちているか／上昇しているか）、それによって処理を変更することを「条件分岐」と呼ぶぞ。条件分岐を使ったスクリプトをつくってみよう。まずは「▶がクリックされたとき」のブロックの下に「ずっと」のブロックを追加したものを用意しよう❸。条件分岐のブロックは「制御」の中にあって、「もし」から始まる2つのブロックだ。今回は「もし　なら　でなければ」のほうを使ってみよう。「ずっと」のブロックの中にこれを追加しよう❹。

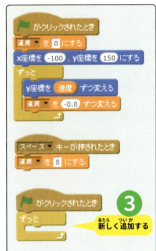

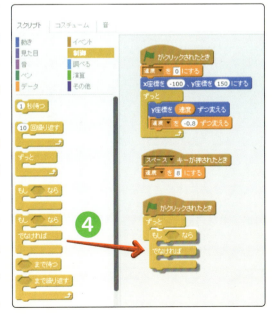

Part 1　ゲームをつくろう　041

❸ 条件を設定する

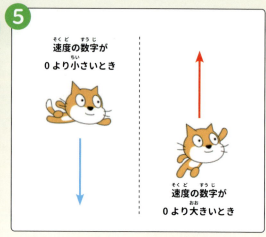

次にコスチュームを切り替える条件について考えてみよう。「上昇していたら」や「落ちていたら」というブロックがあれば便利だけど、そのようなブロックは用意されていない。そこで、変数の速度の数字に注目して考えてみよう。プレイヤーのスプライトが上昇しているときの速度はプラスで、落ちているときはマイナスだよね。つまり、速度の数字が0より大きいか、小さいかを調べればプレイヤーがどんな動きをしているかを判定することができそうだね❺。

これをスクリプトでつくってみよう。まずは「演算」のブロックパレットを開いて、比較のブロック「<」を「もし」の右にある六角形のくぼみに入れよう❻。次に「データ」のパレットから「速度」のブロックを、比較の「<」のブロックの左のくぼみに入れる❼。

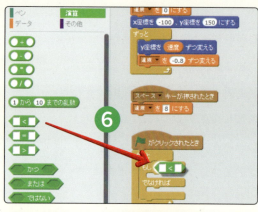

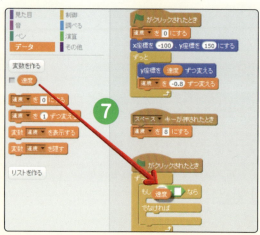

④ ブロックを完成させる

あとは、0という数字を入力すれば❽、速度が0より小さいかを調べるブロックが完成するぞ。速度が0より小さい場合は、1番目のコスチューム「cat1 flying-a」に切り替えればよい。0より大きい場合は2番目の「cat1 flying-b」に変更だね。コスチュームを切り替えるブロックは「見た目」のブロックパレットにあるよ。「コスチュームをcat1 flying-b にする」というブロックを「もし」のブロックのそれぞれのくぼみに追加しよう❾。仕上げにブロックの▼をクリックして、正しいコスチュームの名前に変更すれば完成だね❿。▶をクリックして動作を確認してみよう。

これで、プレイヤーの動きと見た目が自然になったね。

障害物をつくろう

ここからは、プレイヤーの敵となる障害物をつくっていくぞ。まずは1つの障害物で見た目や動きを設定して、最後に数を増やしていこう。

❶ スプライトの設定

まず「スプライトをライブラリーから選択」を選択しよう❶。スプライトライブラリーの一覧から「もの」を選択して❷、「Rocks」を選択し❸、OKをクリック❹。新しいスプライトをつくるぞ。

スプライトができたら、名前をつけよう。後でスクリプトからこの岩を指定することがあるから、わかりやすい名前に変更しておこう。スプライトリストの ⓘ をクリックして、名前を入力しよう❺。もともとの名前はRocksになっているよね。Rocksは日本語では「岩」だけど、そのまま「岩」っ

ていう名前にはしなかったよ。ゲームが完成した後で見た目を岩以外の何かに変更するかもしれないよね。だから名前はスプライトの役割である「障害物」という名前にしておいた。これなら見た目が変わってもスプライトの名前を変える必要はないよね。

❷ 動きの設定

障害物にスクリプトをつくっていこう。まずはステージの右から左に動くようにしてみよう❻。プレイヤーに最初につくったスクリプトとほとんど同じだね。

スクリプトを実行してしばらくすると、登場した障害物はステージの左端で止まった状態になっているね。次は画面の左端に行ったら消えるようにしてみよう。障害物の位置が画面の左端かどうかを調べるために、条件分岐のブロックを使うよ。「制御」のブロックパレットから「もし なら でなければ」のブロックを使って、❼のようなスクリプトをスクリプトエリアにつくってみよう。「x座標」の小さなブロックは「動き」のパレットの下のほうにあるからよく探してみてね。

x座標が−250より大きい場合は、障害物はステージ上にあるから左に動かせばよい。もし小さい場合はステージの左端まで移動したということになる。ステージの左端まできたら障害物を隠してしまえばよいね。さっきつくったスクリプトにこうした処理を追加しよう❽。「x座標を−5ずつ変える」のブロックは最初につくったスクリプトにあるものを移動すればよいぞ。ブロックパレットの「見た目」にある「隠す」のブロックも入れておこう❾。できあがったブロックを最初につくったブロックに合体させるぞ❿。

Part 1 ゲームをつくろう 045

❸ 乱数を使う

仕上げに「表示する」を最初に加えれば完成だね⓫。▶をクリックすると、障害物がステージの右端に出現して、左端まで動いたら消えるようにできたはずだ。

でもこの障害物、毎回同じ縦の位置に出現してしまうね。これではプレイヤーが避けるのは簡単すぎるよね。毎回違う位置に出現するようにしてみよう。

ブロックパレットの「演算」から「乱数」のブロックを、y座標を指定しているくぼみにはめよう⓬。乱数は毎回異なるでたらめな数字を決めてくれる便利なブロックだよ。y座標を−120から120の間の数字に設定すれば⓭、ステージの縦方向のいろいろなところから出現させることができるぞ。

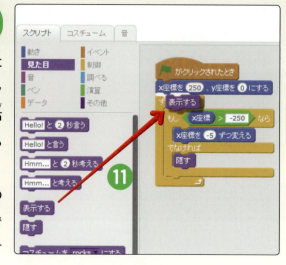

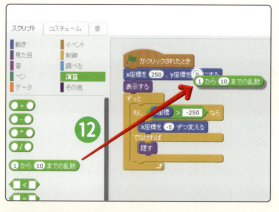

乱数は
バラバラの
数字の
ことだよ。

④ 数を増やして仕上げる

これで障害物がいろいろなところから出てくるようになったけれど、スプライトは1つだけだし、連続して出現はしないよね。ここで「クローン」という機能を使って、スプライトを増やしていこう。クローンをつくるブロックを使うと、スプライトをスクリプトを含めてコピーすることができるんだ。🏳が押されたら、3秒ごとに自分のクローンをつくるスクリプトを追加しよう⑭。「クローンをつくる」ブロックと「待つ」ブロックは両方とも「制御」のパレットにあるぞ。次に、クローンがつくられたら動き出すように変更してみよう。最初につくっておいたスクリプトの先頭を「クローンされたとき」に入れ替えると⑮、次々に障害物が出てくるようになるぞ。

さて、最後の仕上げだね。左端についた障害物は「隠す」から「このクローンを削除する」のブロックに入れ替えよう⑯。それと、毎回3秒ごとに障害物が出てくると少し簡単すぎるから、出現するタイミングに乱数を使ってみよう⑰。これで障害物が登場するタイミングがバラバラになって、ゲームの難易度が上がるぞ。

⑭

🏳 がクリックされたとき
ずっと
　自分自身 ▼ のクローンを作る
　3 秒待つ

⑮

クローンされたとき に入れ替える

クローンされたとき
x座標を 250 、y座標を 120 から -120 までの乱数 にする
表示する
ずっと
　もし x座標 > -250 なら
　　x座標を -5 ずつ変える
　でなければ
　　隠す

🏳 がクリックされたとき
ずっと
　自分自身 ▼ のクローンを作る
　3 秒待つ

⑯

クローンされたとき
x座標を 250 、y座標を 120 から -120 までの乱数 にする
表示する
ずっと
　もし x座標 > -250 なら
　　x座標を -5 ずつ変える
　でなければ
　　このクローンを削除する

このクローンを削除するに入れ替える

⑰

🏳 がクリックされたとき
ずっと
　自分自身 ▼ のクローンを作る
　0.5 から 3 までの乱数 秒待つ

乱数のブロックを追加

Part 1　ゲームをつくろう　047

フラッピーキャット を仕上げよう

いよいよゲームの仕上げだ。ゲームオーバーになる条件と、障害物を避けてスコアがアップするしくみをつくり、全体を完成させよう！

❶ 背景の設定

まずはステージの背景が真っ白なので、以下の手順でゲームらしい背景に変更だ❶。

スプライトリストから
ステージを選択

背景のタブから「ライブラリーから
背景を選択」をクリック

blue sky を選択して
OK ボタンをクリック

❷ プレイヤーの大きさ設定

次にプレイヤーのスプライトの大きさを半分にしよう。エディターの上の部分にある縮小ボタンを選択してから、ステージ上のスプライトを10回クリックしてみよう。プレイヤーの大きさが半分になるぞ❷。縮小が終わったら、スプライトがない部分のステージをクリックすると、通常のカーソルに戻すことができるよ。

縮小ボタンを
クリック

カーソルの形が
変わったら、
プレイヤーを
10回クリック

大きさが
半分になる

❸ ゲームオーバーの設定

プレイヤーが障害物に触れてしまったら、ゲームオーバーにするしくみをつくろう。プレイヤーが障害物に触れたら「スクリプトをすべて止める」ためのスクリプトを追加しよう❸。

「障害物に触れた」というブロックは、ブロックパレットの「調べる」の一番上にある「マウスポインターに触れた」を使う。このブロックの▼をクリックして「障害物」を選択しよう。

スクリプトができたら、テストプレイだ。障害物にあたると、障害物が消えて、プレイヤーの操作ができなくなるはずだね。

これでもゲームとしては十分におもしろいけれど、ステージの上端や下端に触れてもゲームオーバーになるように、条件の部分を改造してみよう❹。「端に触れた」のブロックは、「障害物に触れた」と同じようにしてつくるぞ。「または」のブロックはブロックパレットの「演算」から探そう。

Part 1　ゲームをつくろう　049

❹ スコアの設定

最後にスコアを記録できるようにしよう。速度の変数をつくったのと同じように「データ」のブロックパレットから変数をつくり❺、変数名を「スコア」にする❻。ス

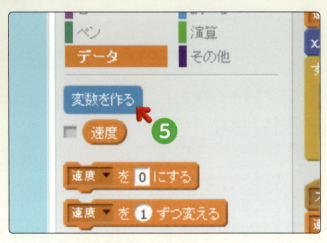

テージにスコアの表示があらわれるので、これをダブルクリックしてみよう❼。すると、オレンジのスコアの数値だけが大きく表示される。これをステージの中央に移動しておこう❽。

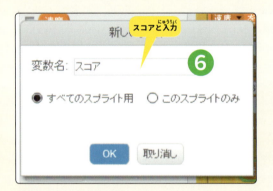

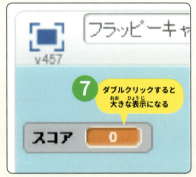

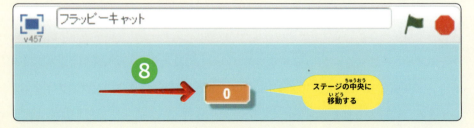

050

5 ゲームを完成させる

あとはスコアを加算するためのスクリプトを追加すればよいね。まず ▶ が押されたらスコアを0にするようにしておこう❾。このスクリプトはどのスプライトにつくってもよいけれど、ここではプレイヤーにつくることにしたよ。

スコアを加算するブロックを、障害物のスクリプトに追加しよう❿。障害物がステージの左端についたらスコアを1点加算するようにしたよ。最後にこれまでつくったスクリプトを次のページにまとめておこう⓫。

> もしゲームがうまく動かない場合は、⓫でプログラムに間違いがないかチェックしよう。

 プレイヤー

 障害物

できたー！
さっそく
やってみよう。

⑥ テストプレイ

　ゲームが完成したら、テストプレイをしてみよう⓬。右から流れてくる障害物をスペースキーで避けていくと、スコアが上がっていくね。ゲームの難易度を調整したい場合は、キャラクターが上昇する速度や、障害物の速度などを自分で変更してみよう。ゲームの難易度を調整したり、好きなように改造ができるのは、自分でゲームをつくったからこそできる楽しみの1つだぞ。

Scratchを使ったゲームづくりはどうだったかな？
Scratchはゲーム以外にもいろいろなものを
プログラミングしてつくることができるよ。
次は自分でゲームを考えて、
それをつくることに挑戦してみよう！

Part 1　ゲームをつくろう　053

Part 2

ARをつくろう

ARって聞いたことあるかな？
現実の世界にデジタル情報を
重ねて、実際には
存在しないものを
そこにあるように見せる技術。
ARとプログラミングを
組み合わせてみよう。

ARって なんだろう？

A Rは「Augmented Reality（拡張現実感）」の頭文字をとった言葉で、現実世界の情報にデジタル情報を重ねて、実際は存在しないものがそこにあるかのように思わせる技術なんだ。現実の風景にCG※のモンスターを出現させるARゲームアプリ「ポケモンGO」が有名だね。

ARはゲームだけでなく、いろいろなことに使えるぞ。たとえば、

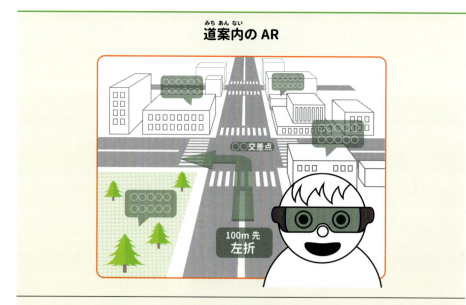

道案内のAR

※ Computer Graphics ➡ コンピューター・グラフィックス

カーナビなどに道案内をしてもらうことを考えると、実際の道に仮想的な標識や道順を案内するためのマークなどがついていたほうがわかりやすいよね。

家具を買うときには、買う前に自分の部屋に置くとどのようになるのかを試してみたいってこともあるよね。こんなときにもARは役に立つよ。ARの技術を使って家具を自分の部屋に置いてみることができるようなアプリもあるんだ。これなら自分の部屋にある家具と大きさを比べたり、部屋に合うデザインを検討したりといったことも手軽にできる。

いろんなARアプリがあるんだよ！

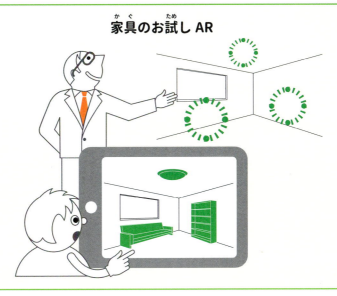

家具のお試しAR

ARをどうつくる？

現実の世界にデジタルデータを重ねて表示するための、位置を決める方法は大きく分けて2つある。

1つは、「位置情報」を使った方法だ。

今の多くのスマホではGPS※というしくみが使えるようになっていて、衛星などの情報からスマホが地球のどの場所にあるか（緯度と経度）を調べることができる。この情報を使って適切な位置にデジタルデータを表示するというしくみだね。ポケモンGOはこの方法で、ある決められた場所に行くとモンスターが表示されるようになっている。

もう1つは、「カメラに写った目印」を使った方法だ。この方法はさらに、あらかじめ決められたマーカーと呼ばれる目印を使う「マーカー型」と、カメラに写ったものを自動的に認識して位置を決める「マーカーレス型」に分けられるぞ。57ページで紹介した家具のお試しアプリは、このマーカーレス型になるよ。

※ Global Positioning System ➡ グローバル・ポジショニング・システム

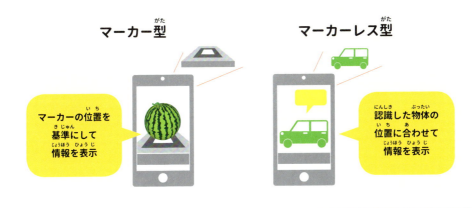

ここでは、Part 1で使ったScratchの「ビデオモーション」という機能を使って、ARの楽器づくりに挑戦するよ。ビデオモーションは、カメラに写った物体の動きを判定するマーカーレス型のARの一種だ。カメラに写った自分の手で、現実にはないドラムを叩いたり、ピアノを鳴らしたりするしくみをつくってみよう。

！もっと知りたい！　VRとの違いは？

ARに似た言葉でVRは聞いたことがあるかな？「Virtual Reality（仮想現実）」の頭文字をとった言葉で、ARとはちょっと違う。ARが現実の世界にデジタル情報を重ねたり、加えたりするのに対して、VRはヘッド・マウント・ディスプレイといわれる風景が見えないゴーグルを使い、デジタル情報でつくった仮想の世界にいるような感覚を体験するものだよ。

ARドラムを
つくろう

ARの基本的なしくみはわかったかな？ここからはScratchのビデオモーションを使ったARプログラミングで、仮想楽器づくりにチャレンジしよう。

パソコン用のカメラの準備

ARを使った作品をつくるためには、パソコンに内蔵されたカメラが必要です。以下のサポートページの「パソコン用カメラの準備」の項目をご覧いただき準備をしてください。内蔵されていない場合は、別途外づけのカメラを準備する必要があります。

https://kodomonokagaku.com/miraiscience/support/

パソコンに内蔵されたカメラ

❶ カメラの動作確認

まずはScratchのサイトにアクセスしよう（20ページ参照）。画面右上に自分のユーザ名が表示された状態になっているかな？もし表示されていない場合は、26〜27ページを見てサインインしてから作業をするようにしよう。

カメラとScratchの準備ができたら、エディターを起動して、カメラが正常に動作するかを確認してみよう。「調べる」のボタンをクリックして❶、「ビデオを入にする」と書かれたブロックを、ブロックパレットに置いたままでよいのでクリックしてみよう❷。するとScratchの画面が暗くなり「カメラとマイクへのアクセス」という小さな確認画面が表示される。Scratchにカメラの映像を取

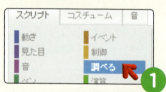

060

ステージに
カメラの映像が
表示される ❹

り込むための確認なので、「許可」をクリックする❸※。

カメラの映像がステージ上に薄く表示されたかな？❹

外づけのカメラの場合はきちんと自分が映るように位置を調整しておこう。これでカメラの映像（現実の世界）をScratchのステージと重ねて表示できるようになった。ちなみにビデオを表示したくないときは、「ビデオを入にする」のブロックの「入」の隣にある▼をクリックして「切」に変更してから❺、ブロックをもう一度クリックすればOKだよ❻。

まずは手で触ると音が出るドラムをつくってみよう。今回はネコのスプライトは使わないので削除しよう。スプライトリストを右クリックして表示されるメニューから削除ができる❼。ステージ上のネコを右クリックして表示されるメニューからでも削除できるぞ❽。

❺ ▼をクリックして切に変更   ❻ クリックすればビデオが切れる

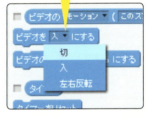   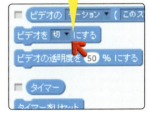

※間違えて「拒否」を選択してしまった場合は、Scratchの画面を閉じて、再度Scratchの画面を開き、同じ操作をすればOK。その場合、今までつくっていたものを保存していないとプロジェクトが消えてしまうので、画面を閉じる前にプロジェクトが保存されているか確認しよう。

Part 2　ARをつくろう　061

❷ スプライトをつくる

次にドラムのスプライトをつくろう。ステージの右下にある「スプライトをライブラリーから選択」をクリックしよう❾。左の一覧から「もの」を選択して❿、「Drum1」を選択し⓫、OKをクリックして⓬、ステージにドラムのスプライトを追加しよう。

スクリプトをつくりはじめる前に、念のためコンピューターから音が出るかを確認しておこう。「音」をクリックすると、いろいろな音に関するブロックを表示できるぞ。ブロックパレットで「1のドラムを0.25拍鳴らす」というブロックをクリックして⓭、コンピューターからドラムの音が出ているか確認しよう※。

次はこのドラムを触ったら、音が出るようなスクリプトをつくろう。毎回ブロックをクリックしてビデオを「入」にするのは面倒なので、ステージ右上の🏁がクリックされたらビデオが表示されるようにしておこう。

※コンピューターからの音が聞こえない場合は、スピーカーの設定を確認しよう。Windowsを使っている場合は、画面右下のスピーカーのアイコンをクリックすると音量が調整できるよ。

062

❸ スクリプトをつくる

　ドラムのスプライトに▶がクリックされたら、ビデオを「入」にするというスクリプトを加えておこう⓮⓯。「▶がクリックされたとき」のブロックは「イベント」をクリックすると見つけることができるぞ⓮。ビデオの電源を入れるブロックは「調べる」をクリックして探そう⓯。

　次に「イベント」にある「音量＞10のとき」というブロックを追加しよう⓰。音量の右にある▼をクリックして「ビデオモーション」に変更だ⓱。ビデオがオフの場合、もう一度「カメラとマイクへのアクセス」の表示が出る場合がある。その場合は「許可」をクリックだ。次は追加したブロックにドラムの音が鳴るように、音のブロックを追加しよう⓲。

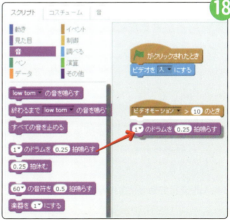

Part 2　ARをつくろう　063

❹ AR ドラムを鳴らす

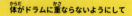

準備ができたら、ドラムに体が重ならないようにして、ドラムを叩くように手で触ってみよう❶。ドラムの音がしたかな？

体がドラムに重ならないようにして

スクリプトのしくみを解説するね。スクリプトの中で使われている「ビデオモーション」は、スプライトにWebカメラで撮影しているものが重なり、大きく動いている場合に増える数値だ。手や体がドラムに重なっていても、動いていなければビデオモーションの数値は「0」になる❷。ドラムに手を重ねて動かすとその動きの大きさに応じて最大で「100」まで増える❸。つくったスクリプトでは、ビデオモーションが10以上になったらドラムの音がするようにしているけれど、これだと少し触れただけでもドラムの音がしてしまうね。数値の部分をクリックして削除し、キーボードを使って20と入力すれば❹、より大きな動きでドラムに触れないと音がしなくなるよ。

手でドラムに触ると音が出る

ビデオモーションの数値 **0**
動いていない場合 ❷

ビデオモーションの数値 **1〜100**
動きが小さい　動きが大きい
動いている場合 ❸

数字を20に変更

20が正解というわけではなく、数値の決め方については好みもあるので、自分でちょうどよい数値を研究してみるといいよ。

❺ コスチュームの変更

さっきつくったドラムのスクリプトについて少し考えてみよう。ドラムのスプライトには2つのコスチュームが用意されている。スプライトのコスチュームを確認するには、「コスチューム」というタブをクリックするんだったね。「drum1-a」というコスチュームと「drum1-b」というコスチュームがあって、「drum1-b」のほうは音が出ているような絵になっているね。今はドラムを触るとドラムの音がするだけだけれど、音が出ているときはコスチュームを「drum1-b」に変更するにはどうしたらよいか考えて

みよう。さっきつくったスクリプトは、ビデオモーションの値が20以上になったら音を鳴らすというスクリプトだったね。スクリプトの先頭には、上が丸い形をしたブロックを使ったよね。これにコスチュームを「drum1-b」に変更するブロックを加えれば㉓、音が鳴ったときにコスチュームを変更することができそうだ。

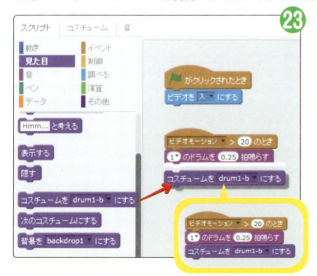

コスチュームの変更はPart 1でもやったよね。どんなことをやったか思い出してみよう。

Part 2　ARをつくろう　065

6 コスチュームを元に戻すには？

🚩をクリックして、動作を確認してみればわかるはずだけど、一度触ると音が鳴りやんだ後もコスチュームは「drum1-b」のままになってしまうよね。ビデオモーションが20以下の場合（ドラムに触れる動きがない場合）でも、元の「drum1-a」のコスチュームに戻らないはずだ。今のスクリプトは、ビデオモーションの値が20以上になったという出来事（イベントと呼ぶよ）を検知して、スクリプトを実行する形になっているね。このような形式のスクリプトを「イベントドリブン」のスクリプトと呼ぶよ。最初に上が丸くなっているブロックを使うのが特徴だ。「🚩がクリックされた」というイベントを検知して、ビデオをオンにしているスクリプトも同じようにイベントドリブンのスクリプトだ。

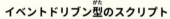
イベントドリブン型のスクリプト

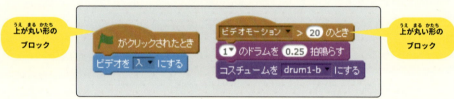

Scratchでは、ビデオモーションの値がある数字以下ということを検知するための、上が丸いブロックは用意されていないので、少し工夫をする必要がありそうだ。イベントドリブンではなく、繰り返して値を調べる「ポーリング」という方法で同じはたらきをするスクリプトをつくってみよう㉔。この2つのスクリプトは同じはたらきをするよ。

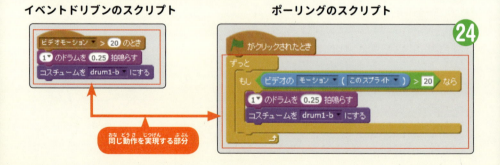

❼ ポーリングを使う

　ポーリングのスクリプトのほうにも、一番上には「▶がクリックされたとき」というイベントドリブンのブロックを使っているけれど、1回▶がクリックされたら、「ずっと」のブロックを使って、繰り返してビデオモーションの値を調べている。これがポーリングだ。イベントドリブンのスクリプトのほうが短くて単純だけれど、今回はビデオモーションの値が20以下になる場合の処理を追加したいから、ポーリングのスクリプトが必要になる。コスチュームを元に戻すためには「もし　なら　でなければ」のブロックを使えばよいね。㉕のようになるはずだ。実際につくって試してみよう。

音が出ているときはコスチュームが変更される

こんな風に、スクリプトにはたった1つの正解があるわけではなくて、似たような動作をいろいろな方法でつくることができる。つくりやすくて、わかりやすいスクリプトのほうがよいけれど、場合によっては少し回り道をするようなスクリプトが必要なときもあるよ。

Part 2　ARをつくろう　067

ARピアノを
つくろう

ARドラムでリズムを刻めるようになったら、次はメロディーだ。音階を奏でられる不思議な「アップル・ピアノ」をつくってみよう。

❶ スプライトの追加

ステージの右下にある「スプライトをライブラリーから選択」のアイコンをクリックし❶、リンゴのスプライトを選択❷、OKをクリックしてスプライトを追加しよう❸。

❷ スクリプトをつくる

このリンゴにスクリプトをつくろう。リンゴに触っているかを調べる部分はドラムのスクリプトと同じでよいけれど、その下の音を鳴らすブロックは「60の音符を0.5拍鳴らす」にするのがポイントだよ❹。これでリンゴを触ると、ピアノの音色でドの音が鳴るようにできるぞ。

うまく音がなるかを試してみるには、実際に手でリンゴを触る動作をしなくても大丈夫だよ。つくったブロックをマウスでクリックすると、手で触ったときのように動作させてみることができる。ブロックをクリックすると、薄い黄色で光り、ドの音が鳴ることを確認しよう❺。

ブロックをクリックすると動作のテストができる

❸ 音階をつくる

次にレの音が鳴るリンゴを効率よくつくってみよう。まずはドの音が鳴るリンゴのスプライトを右クリックして複製しよう❻。次に複製したリンゴをダブルクリックし、スクリプトを確認すると、スクリプトも同じものが複製されていることがわかるね❼。

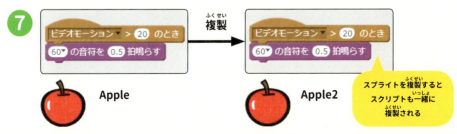

スプライトを複製するとスクリプトも一緒に複製される

Part 2　ARをつくろう　069

このままではドの音が鳴るリンゴが2つになってしまうので、複製したApple2のスプライトの音階を「レ」に変更しよう。ブロックの最初の「60」の部分は音階を示す番号だ。この部分をクリックして鍵盤を表示させ、レをクリックすれば62に変更できるぞ❽。

同じようにしてドからソまでのリンゴをつくれば、ピアノの鍵盤のようなリンゴをつくることができる❾。つくっていく中で、どれがどの音のリンゴかわからなくならないように、スプライトの名前を変えておくとよいぞ。スプライトの名前の変更は、スプライトリストの青いⓘをクリックして❿、名前を入力だ⓫。

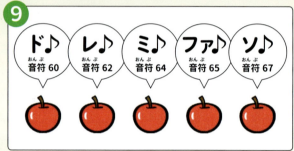

❹ 演奏する

うまく演奏できるように、ステージの上のほうにリンゴを並べて、手を伸ばして演奏するのがおすすめだ⓬。画面の下のほうにドラムを移動しておけば、アップル・ピアノを演奏しながらドラムでリズムをとることもできるぞ。

070

❺ 楽器を増やす

完成したら、ステージの上にあるプロジェクトの名前をわかりやすいものに変更しておこう⓭。きちんと名前をつけておくと、プロジェクトが増えてきたときにわかりやすいぞ。

今回の鍵盤はリンゴでつくってみたけれど、みんなも想像力をはたらかせて、現実の世界には存在しない、おもしろい楽器をつくって演奏してみよう。最初のドラムで使った打楽器の音色は、ブロックの先頭にある数字をクリックすると変更することができる。いくつかの種類の打楽器のスプライトをつくって、それぞれ違った音色のドラムが鳴るようにすれば、ドラムセットのような電子楽器もできるぞ⓮。

プロジェクトの名前を変更しておく

Scratchを使った「ARプログラミング」はどうだったかな？
Part 1でつくったフラッピーキャットに
ARの技術を取り入れると、
キャラクターを手の動きで操作するように改造できるよ。
やり方は8ページで紹介したサポートページを見てね。

Part 2　ARをつくろう　071

Part 3

ロボットを動かそう

ロボットを動かしたいって思ったことない？
Part 3 では、ブロックと電子部品などを組み合わせたワニ型のロボットをつくって、プログラムで動かしちゃうよ！

ロボットの しくみ

みんなはロボットっていうと、どんなものを思い浮かべるかな？身近なものでは、人がホウキで掃いたり掃除機をかけるかわりに、部屋を自動で掃除してくれる掃除ロボットがあるね。

　ロボットには、人が操作をして使うものと、ある程度ロボット自体が状況を判断しながら動作するものがある。掃除ロボットは電源を入れると、細かい指示をしなくても、自分で状況判断しながら動き回って掃除をしてくれるタイプのロボットだね。Part 3では、自分で判断するロボットをプログラミングでつくり上げることが目標だよ。

　まずは掃除ロボットを例に、自動的に仕事をするロボットが、どんなしくみになっているのか、右の図で見てみよう。大きく分けると、3つの役割をする部品でできているんだ。

センサー、マイコン、アクチュエーターという3つの役割の部品でできているんだ！

掃除ロボットのしくみ

掃除ロボットは、部屋の壁や障害物があると、自動的に向きを変えて移動し続けることができる。部屋の広さなどを把握して、まんべんなく掃除をするような機能がつくものもあるよ。

センサー

ぶつかって止まったり、段差から落下したりしないように、壁や障害物、段差を検知するセンサーが、ロボットのまわりにたくさん搭載されているんだ。ほかにも吸い取ったゴミの量を検知するなど、さまざまな役割のセンサーがついているよ。

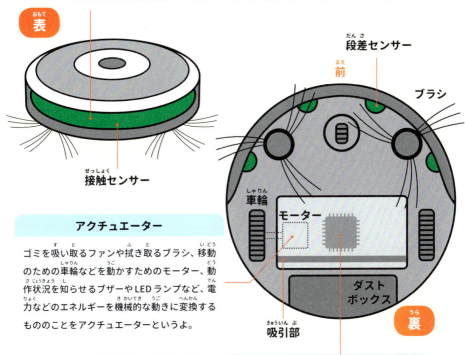

アクチュエーター

ゴミを吸い取るファンや拭き取るブラシ、移動のための車輪などを動かすためのモーター、動作状況を知らせるブザーやLEDランプなど、電力などのエネルギーを機械的な動きに変換するもののことをアクチュエーターというよ。

マイクロコントローラー

略して「マイコン」と呼ばれる小型のコンピューターが搭載されている。これはみんなが使うパソコンやスマホのようなコンピューターとは違い、とても小さくて、画面やキーボードもないシンプルなコンピューターだ。

Part 3　ロボットを動かそう　075

ロボットと プログラミング

状況判断をしながら動くロボットに搭載された3つの部品が、どのようにはたらくのか、下の図を見ながら整理してみよう。

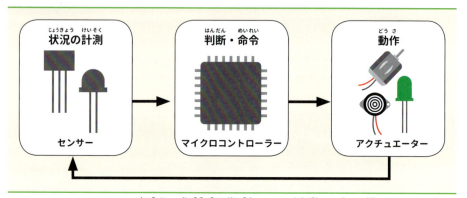

まず、センサーが周囲の状況を計測する。人間が手で触ったり、目や耳で周囲の状況を調べることと同じだ。センサーが計測した情報は、電気信号となってマイコンに送られる。プログラムが書かれているのは、マイコンだ。センサーから受け取ったデータをもとに、どのように動作をするか判断し、命令を送る役割をする。人間でいう頭脳だね。マイコンが決めた動作の命令は、アクチュエーターに電気信号となって送られ、実際に動作が実行される。動作がおこって周囲の状況が変化すると、それをまたセンサーが計測して、マイコンが判断す

る……ということを繰り返して、ロボットは自動で仕事をするんだ。

掃除ロボットには、掃除に必要なセンサーとアクチュエーターしかついていないし、マイコンには「掃除をするためのプログラム」しか書き込まれていないから、ほかの仕事はできない。ロボットに目的の仕事をさせるためには、目的に合わせてセンサーやアクチュエーターを組み合わせ、それらを制御するプログラムをマイコンに書き込めばいいんだ。

ここからは「スタディーノ」というマイコンを使ってロボットづくりにチャレンジするよ！

！考えてみよう　ロボットになにをさせる？

キミならどんな仕事をしてくれるロボットがほしいかな？ なにをさせたいか思いついたら、3つの部品を使ってどんなしくみにするか考えてみよう。たとえば、ネコの遊び相手をするロボットがほしいとする。ネコが近づいてきたら、自動でネコじゃらしを振る「ネコじゃらしロボット」なんかどうだろう？ ネコが近づいてきたことを検知するセンサー、ネコじゃらしを振るためのモーターをつけて、ネコがどのぐらい接近したらネコじゃらしをどんなふうに動かすか、というプログラムを書いたマイコンを組み合わせればできそうだね。

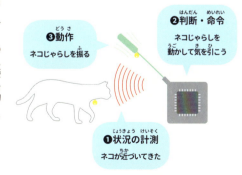

❶状況の計測　ネコが近づいてきた
❷判断・命令　ネコじゃらしを動かして気を引こう
❸動作　ネコじゃらしを振る

Part 3　ロボットを動かそう　077

必要な機材と
プログラミング環境

　ロボットプログラミングには、必要な機材がセットになったキットを使うと便利だ。この本では「新KoKaスタディーノプログラミングセット」というキットを使ったプログラミングを紹介するぞ。

❶ ロボットキットの入手

　センサーやアクチュエーターなどの部品を自由に組み合わせて、プログラムが書き換えられるマイコンと接続できるようなキットがいろいろと登場しているよ。こうしたキットを使えば、そのロボットに必要な部品を組み合わせて、部品を制御するためのプログラムをつくり、実際に動くロボットをつくることができるぞ。この本では、スタディーノ（Studuino）というマイコンと、センサー、アクチュエーターをセットにした「新KoKaスタディーノプログラミングセット」というキットを使ってロボットをつくってみよう。

 ロボットキットの入手方法

　キットは「KoKa Shop!」という子供の科学の教材販売サイトで取り扱っています（8ページ参照）。入手するときは、保護者の方といっしょにアクセスして、購入の手続きを行ってください。

http://shop.kodomonokagaku.com

❷ 機材の準備

これからこのキットを使って「ワニ型ロボット」の製作に挑戦するぞ。ロボットをつくる前に、マイコンに書き込むプログラムをつくる方法や、センサーやアクチュエーターなどの電子部品のしくみや取り扱い方について説明するよ。プログラミングはPart 1でも使ったScratchをベースにしたアプリが使えるから心配はいらないよ。まずはキットに入っている部品を整理していこう。

マイコン

❶ スタディーノ

スタディーノは株式会社アーテックが開発・販売をしているロボット製作が簡単にできるマイクロコントローラーだ。DCモーターやサーボモーターなどのアクチュエーターや、さまざまなセンサーを接続することができる。Scratchをベースにしたブロックプログラミング環境が使えるから、プログラミングもむずかしくないぞ。

電源とケーブル類

❷ 電池ボックス

❸ USBケーブル

❹ 接続ケーブル

センサー

❺赤外線フォトリフレクタ

赤外線フォトリフレクタは物を検知するためのセンサーで、赤外線を出す特殊なLEDと、物にあたって反射してきた赤外線を検出するフォトトランジスタを並べて1つのパッケージに組み込んだ部品だ。

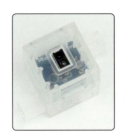

赤外線を写せるCMOSカメラで撮影した赤外線フォトリフレクタ。光っているのが赤外線LEDで、その左が赤外線フォトトランジスタだ。

アクチュエーター

❻LED（赤）
赤色に光る。

❼LED（緑）
緑色に光る。

❽サーボモーター
軸の角度を正確に決められるモーター。

❾DCモーター
軸をぐるぐる回せるモーター。

外装パーツ

❿アーテックブロック

縦、横、斜めに差し込むことができるブロック。四角や三角など、いくつか種類がある。

080

その他の電子部品

新KoKaスタディーノプログラミングセットには、右の電子部品も入っているんだ。この本で紹介する作例では使用しないが、これらを使うことで、いろいろな作品をつくることができるよ。113ページで紹介しているサイトで作例やつくり方を紹介しているから、この本の作例を試したあとは、これらの作品にもチャレンジするといいね。

スタディーノにセンサーやアクチュエーターを接続し、プログラムを転送すれば、接続した部品を自由に制御することができるぞ。
プログラムはScratchをベースにつくられた、「Studuinoブロックプログラミング環境」という専用のアプリを使ってつくるよ。

プログラミング環境の準備

スタディーノを使ったプログラミングでは、ソフトウェアをダウンロードして環境を準備することが必要です。詳しい手順は以下のサポートページ内の「スタディーノのブロックプログラミング環境の準備」の項目で紹介していますので、これを参考に準備を行いましょう。

https://kodomonokagaku.com/miraiscience/support/

Part 3 ロボットを動かそう

LEDを制御しよう

まずはスタディーノの基本的な使い方をマスターするために、LEDを光らせるプログラムをつくってみよう。

❶ 部品の確認

新KoKaスタディーノプログラミングセットの中から必要な部品を取り出し、揃っているか確認しよう。

必要なもの（79～80ページに部品一覧）

- ❶ スタディーノ
- ❷ 電池ボックス
- ❸ USBケーブル
- ❹ 接続ケーブル×1
- ❺ LED（赤色）×1

LEDは「発光ダイオード」のことだ。最近では家庭用の電球の代わりに使われたり、自動車のライトの一部や、信号機などにも使われたりしている。点灯に必要な電流が少なく、白熱電球より長持ちするぞ。

❷ スタディーノの接続

まずはスタディーノとコンピューターをUSBケーブルで接続しよう。スタディーノ本体が赤く光れば❶、接続はうまくいっているぞ。

赤く光れば接続完了

❸ LEDの接続

次に、接続ケーブルの白いコネクターのほうをLEDにつなげよう❷。

接続ケーブルの黒いコネクターはスタディーノに差し込もう。差し込む場所は「A4」と書いてある場所だよ。コネクターの灰色の線がスタディーノ本体の青い基板の中心のほうに向くように差し込もう❸。LEDはスタディーノの台座の穴に差し込んで固定しておこう❹。

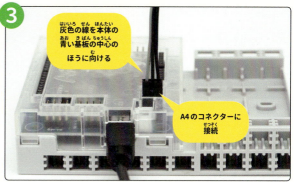

スタディーノにはいろいろな部品をつなげるためのコネクターやボタンが用意されている。接続されている部品を見分けるために、コネクターやボタンにはアルファベットと数字で名前がついているよ。たとえば、今回差し込んだ「A4」のような名前だね。

Part 3　ロボットを動かそう　083

❹ プログラミングの環境を開く

次に、ブロックプログラミング環境を開いてプログラミングの準備をしよう。

まず 81 ページの「プログラミング環境の準備」でインストールしたアプリを起動しよう。Windows でアプリを起動した場合は、最初に使いたいプログラミングの環境を選ぶ画面が表示される。これから使うのは、「ブロックプログラミング環境」のほうだよ。❺の画面が表示されたら、ブロックプログラミング環境をクリックしよう。Mac を使っている場合は、この選択画面は表示されずに、ブロックプログラミング環境が起動するよ。次に、3 つのブロックプログラミング環境を選択する画面が表示されるから、「ロボット」を選択しよう❻。

ブロックプログラミング環境が起動すると、❼のような画面が表示されるはずだね。Scratch をベースにつくられているから、Scratch を使ったことがあればすぐに操作できるはずだよ。念のために画面やメニューについてまとめておいたよ。

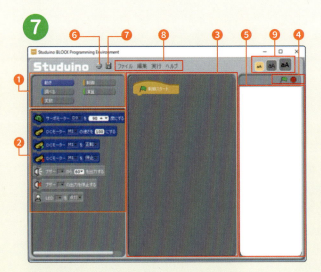

❶ブロックは種類ごとに整理されている（カテゴリー）。使いたいブロックの種類を選ぼう。
❷選んだ種類のブロックが表示される（ブロックパレット）。
❸ブロックを並べてプログラムを組むスペース（スクリプトエリア）。
❹緑の旗をクリックするとプログラムが実行される。赤い八角形をクリックすると停止する。
❺センサー・ボードなどを置いておくためのスペース。
❻言語を選択する。
❼プログラムを保存する。
❽その他メニュー。
❾ブロックの文字の大きさを変更する。

❺ 入出力の設定

プログラミングをはじめる前に、どのコネクターにどんな部品を取りつけたかを設定しよう。「編集」のメニューから「入出力設定...」を選択しよう❽。

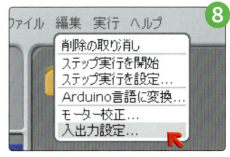

入出力設定画面の「A4」にチェックを入れて❾、「LED」を選び❿、「OK」を押そう⓫。

「LEDA4を点灯」のブロックが青くなったことを確認してね⓬。

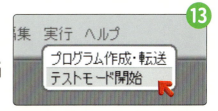

❻ テストモードの設定

次に「実行」のメニューから「テストモード開始」を選んで、テストモードに設定をする⓭。

テストモードが開始されるとスクリプトエリアに「センサー・ボード」が表示されるぞ⓮。これでプログラミングの準備は完了だ。センサー・ボードが邪魔な場合は、ウインドウの右側の白いスペースにドラッグして移動しておこう。

Part 3　ロボットを動かそう　085

❼ LEDの点灯と消灯

左上から「動き」をクリックして、「LEDA4を点灯」のブロックを真ん中のスペースにドラッグしてみよう❺。移動したブロックをクリックすると❻、LEDが光るよ❼。

次にブロックの「点灯▼」のところをクリックすると、「点灯」と「消灯」が選択できるようになる❽。「消灯」を選択してから同じようにブロックをクリックすると❾、LEDが消灯するよ❿。

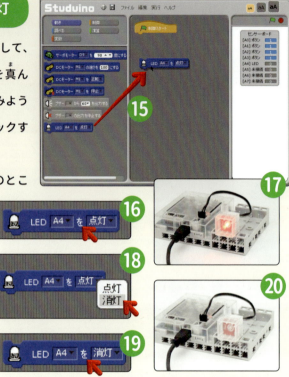

❽ ブロックをつなげよう

次はブロックをつなげてプログラムをつくってみよう。「動き」から「LEDA4を点灯」のブロックをもうひとつ、「制御」から「1秒待つ」のブロックをもってこよう。ブロック同士を近づけて白い線が表示されたら、つなげることができるサインだ。マウスのボタンを離すと、ブロック同士が勝手にくっつくよ㉑。

086

㉒のようにぜんぶのブロックをつなげたら、右上の🚩をクリックしよう㉓。LEDが1秒間点灯して消えたかな？㉔ これが、プログラムの基本的なつくり方だよ。ここからは、🚩をクリックすることをいちいち書いていないけど、プログラムを実行するときはクリックを忘れないでね。

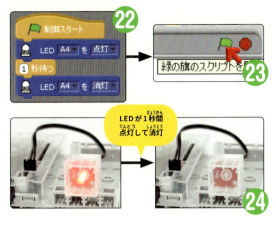

9 点灯と消灯を繰り返す

次は点灯と消灯を繰り返すようにしてみよう。「制御」にある「10回繰り返す」や「ずっと」ブロックは、同じ動作を繰り返すときに便利なブロックだ㉕。点灯・消灯の長さを変更したい場合は、ブロックの数字の部分をクリックする。するとキーパッドが表示される㉖。キーボードから数字を入力することもできるから、好きなほうで入力しよう。
㉗のようにLEDが1秒間隔で10回点滅するプログラムを試してみよう。次は㉘のようにLEDが0.5秒間隔でずっと点滅し続けるプログラムをつくってみよう。これでLEDの点灯はマスターしたね。

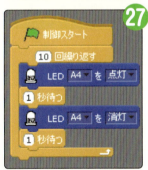

Part 3 ロボットを動かそう 087

ボタンの活用と
プログラムの転送

スタディーノには4つのボタンがついている。次はこれを押している間だけLEDが光るようなプログラムをつくってみよう。

 ❶ ボタンの動作確認

まずはテストモードになっていることを確認して、スタディーノのA0のボタンを押してみよう❶。「センサー・ボード」の「[A0]ボタン」の右側の数字が変化しているのがわかるかな？ボタンを押したときは「0」、押していないときは「1」になっているよね❷。

プッシュスイッチ　A0～A3
下の多目的コネクターに対応しているスイッチ。このスイッチを押すことで、A0～A3の多目的コネクターにつないだ装置を制御できる。

多目的コネクター　A0～A3
センサーやLED、ブザーなど、いろいろな装置を接続できるコネクター。

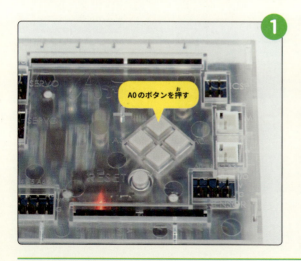

❶ A0のボタンを押す

❷ 押している間は「0」になる

❷ ボタンを使ったプログラム

このボタンを使ったプログラムは❸のようになるね。❸のプログラムでは、「ボタンA0」が押されているかどうかを、プログラムが実行されている間は「ずっと」のブロックを使って監視している。そして、ボタンが押されたとき、つまり「ボタンA0の値」が「0」なら、「LEDA4を点灯」❹、そうでなければ「LEDA4を消灯」する❺。

もう気づいていると思うけど、「ボタンA0の値」はセンサー・ボードに表示される数字と一致している。このように、スタディーノの状態をセンサー・ボードで確認しながらプログラムを組めるのが、テストモードの便利なところだ。

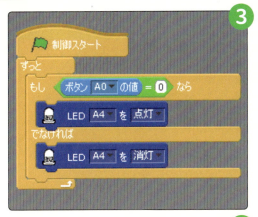

A0のボタンを押すとLEDが点灯

A0のボタンを離すとLEDが消灯

Part 3　ロボットを動かそう　089

3 プログラムの転送

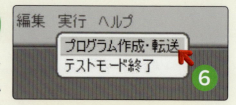

ここまでは、スタディーノをUSBケーブルでコンピューターにつないだまま動かしてきたよね。つくったプログラムをスタディーノに転送すれば、スタディーノを単独で動かすこともできるぞ。

「実行」メニューから「プログラム作成・転送」をクリックしてしばらく待つ❻。「プログラムのビルド＆転送中…」という表示が消えたら、転送完了だ。

単独で動くってことはパソコンから切り離せるんだねー。

⚠ こんなときどうする？ 転送のエラー

転送したときに右のようなエラーが表示されることがあるよ。エラーが表示されたら、91ページの「プログラムの保存」を見てまずはプログラムを保存しておこう。

次に、❶の手順から順番に試してみよう。❶を試しても失敗する場合は❷を試す、それでもだめなら❸を試すという風にして、転送が成功するまでトライしてみよう。

❶テストモードや転送モードを終了してから転送する
❷USBケーブルを一度抜いて、もう一度差してから転送する
❸スタディーノのリセットボタン（丸い灰色のボタン）を押してから転送する
❹ブロックプログラミング環境を再起動してみる
❺コンピューターを再起動してみる

❹ プログラムの実行

転送が終わったら、スタディーノから USB ケーブルを抜こう❼。本体の赤い光が消えるよ。次に、電池ボックスのスイッチが OFF になっていることを確認してから、ツメの向きを合わせて、スタディーノの「POWER」のコネクターにケーブルを差し込む❽。

電池ボックスのスイッチを ON にしよう❾。スタディーノの本体が赤く光るね。準備ができたら、スタディーノの「A0」ボタンを押してみよう。LED は光ったかな？これでスタディーノに「ボタンを押したら LED を光らせる」というプログラムを書き込むことができたぞ。

❺ プログラムの保存

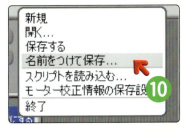

最後に、つくったプログラムを保存しておこう。「ファイル」のメニューから「名前をつけて保存…」をクリックして❿、保存したい場所を選んで、新しいファイル名を入力してから⓫、「OK」をクリックすれば保存できる⓬。保存したファイルを開きたいときは、「ファイル」のメニューの「開く…」から、ファイルを選んで開こう。

Part 3　ロボットを動かそう　091

サーボモーターを制御しよう

ロボットの腕や脚、首など、関節の動きを細かく制御することができるサーボモーターという部品を使って、踏切をつくってみるよ。

❶ 部品の確認

右のリストのものを用意しよう。一般的に「モーター」といえば、工作などでよく使う「DCモーター」を想像する人が多いと思う。電気を流すと、磁石とコイルのはたらきによって軸がぐるぐると回転し、タイヤやプロペラを動かすモーターだね。キットの中にもDCモーターが入っている。でも、今回使うのは「サーボモーター」と呼ばれるもので、DCモーターにセンサーや制御基板などを組み合わせたものだ。

必要なもの（79～80ページに部品一覧）

- ❶ スタディーノ
- ❷ 電池ボックス
- ❸ USBケーブル
- ❽ サーボモーター
- ⓾ アーテックブロック

❷ サーボモーターの取りつけ

まずはサーボモーターをスタディーノに取りつけよう。直接取りつけずに、ブロックを2個使って土台をつくってから取りつけるよ❶。サーボモーターは両方に軸がついているけれど、サーボモーターの軸につながっていて、動かすことができるのは片方だけだ。少し力を入れないと回らないほうが手前にくるように取りつけるぞ❷。

回したときに少し抵抗があるほうを手前にする

❸ サーボモーターの接続

サーボモーターのケーブルをスタディーノのD9のコネクターに差し込もう❸。灰色のケーブルがスタディーノ本体の青い基板の中心のほうに向くように差し込もう。

❹ 電池ボックスの取りつけ

サーボモーターは、USBケーブルでコンピューターとスタディーノをつないだだけでは動かすことはできないよ。電池ボックスを取りつけて動かす必要がある。まずは電池ボックスのスイッチがOFFになっていることを確認しよう。ケーブルが外れていたら、スイッチがOFFになっていることを確認してから、ケーブルをPOWERのコネクターに接続しよう❹。スイッチがONだと、電池ボックスをつないだ瞬間にサーボモーターが回転することがあるぞ。

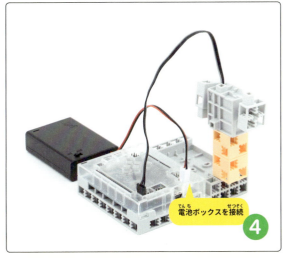

電池ボックスを接続

サーボモーターの力は意外に強く、はさまれるとケガをすることもあるので気をつけてね。

Part 3　ロボットを動かそう　093

❺ サーボモーターの校正

サーボモーターは、指定した角度に正確に向けることができるけど、そのためには、あらかじめ基準となる向きを設定してあげる必要がある。その作業のことを校正と呼ぶぞ。スタディーノをUSBケーブルでパソコンに接続して、本体が赤く光ることを確認しよう。

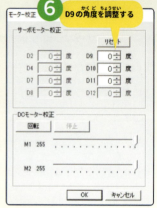

ブロックプログラミング環境を起動して、「編集」のメニューから「モーター校正...」をクリックしよう❺。この「モーター校正...」のメニューはテストモードでは表示されないので、もしテストモードに入っていたら「実行」のメニューの「テストモード終了」でテストモードを抜けておこう。

モーター校正のウィンドウが開いたら、電池ボックスのスイッチをONにしよう。すると、サーボモーターの軸が中立位置（90度）に回転する（最初から90度なら回らない）。このとき、「ジー」と

プラス側に
ズレている

マイナス側に
ズレている

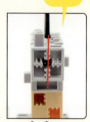
真っ直ぐに
校正できている

いう音がすることもあるけど、それは正常だ。故障の原因になるので、スイッチがONのときは絶対にサーボモーターの軸を手で回してはいけない。

D9の数字の右にある▲（プラス）と▼（マイナス）のボタンをクリックすると、サーボモーターの軸が回転する❻。▲（プラス）は反時計回り、▼（マイナス）は時計回りに動くので、軸が真っ直ぐになるように調整してみよう❼。

※ボタンを押してもサーボモーターが回らないときは、スイッチや電源コネクター、電池の残量を確認しよう。

調整し終わったら「OK」のボタンで校正終了だ。サーボモーターを取り替えたときや、使っている間にずれることもあるので、そのときはもう一度校正しよう。

❻ テストプログラムの実行

それでは、サーボモーターがどのように動くのか確認してみよう。D9にサーボモーターをつなぐことは最初から設定済みなので、入出力設定の必要はないぞ。ブロックプログラミング環境で、サーボモーターを動かしてみるテストプログラムを組み立ててみよう❽。

できたら、「実行」のメニューから「テストモード開始」でテストモードにして、⚑をクリックして実行してみよう。このサーボモーターが動く範囲は、0度から180度だ。サーボモーターを横から見たとき、真上（中央）が90度で、右が0度、左が180度になる❾。サーボモーターの側面にも数字が書いてあるから確認してみよう❿。

❽のプログラムでは、まず右端の0度まで回ってから、左端の180度まで回り、最後に中央の90度で止まったはずだね。指定できる角度はこの範囲内で、それ以外の数値は指定できない。つまり、DCモーターのように軸をぐるっと1周することはできないよ。また、角度は「何度回すか」ではなく、サーボモーターを止める位置であることに注意しよう。回らないときは電池ボックスのスイッチがONになっているか確認しよう。

Part 3　ロボットを動かそう　095

> **もっと知りたい！**

プログラムの注意点

では、試しに「○秒待つ」で指定する秒数を 0.5 秒にするとどうなるかな。たぶん、指定した角度まで完全には回りきらなかったはずだ。サーボモーターの回転には時間がかかるので、「○秒待つ」で指定した秒数が、回転に必要な時間より短い場合は途中までしか回らない。Scratch のプログラミングでは、処理にかかる時間をあまり気にすることがなかったけれど、サーボモーターのような現実のものを動かす場合は、このような制限があるので注意しよう。

❼ ブロックの組み立て

踏切のバーをブロックでつくろう。サーボモーターに差し込めるように、端に突起が出るようにブロックを組み合わせるよ⓫。バーができたら、サーボモーターに取りつけよう⓬。写真はサーボモーターが 180 度の位置にしてある場合の取りつけだ。90 度の場合は上の方向に取りつけることになるね。

096

⑧ プログラムをつくる

5秒間開く

5秒間閉じる

5秒ごとに踏切が閉じたり開いたりを繰り返す⓭にはどうすればよいかな？ LEDの点滅のプログラムと同じように考えてみよう。90度と180度を5秒ごとに繰り返すようにすればよいね⓮。

次はA0のボタンが押されている間は踏切が閉じるようにするにはどうしたらよいか考えてみよう。これもLEDをボタンで制御できるようにしたのと同じように考えればよいぞ。プログラムをつくって試してみよう⓯。

LEDを追加してみよう

赤色のLEDを追加して、踏切の開閉とLEDを点滅させる動作をプログラミングすれば、さらにリアルな踏切の模型ができそうだね。これに必要なプログラムについては、自分で考えてみよう。

Part 3 ロボットを動かそう　097

センサーで踏切を改造しよう

❶ 赤外線フォトリフレクタの接続

ここまででつくった踏切の模型に赤外線フォトリフレクタを追加して、ものが近づいたら自動的にバーが上がるゲートに改造してみよう。赤外線フォトリフレクタにLEDと同じように接続コードをつなぎ、サーボモーターの土台の部分に追加しよう❶。赤外線フォトリフレクタの接続コードをスタディーノのコネクターの「A6」に差し込もう❷。灰色のコードがスタディーノの青い基板の中心の方に向くように差し込むよ。

サーボモーターの土台に赤外線フォトリフレクタを追加

A6のコネクターに接続

❷ 入出力設定

スタディーノにUSBケーブルをつないで、ブロックプログラミング環境に戻ろう。赤外線フォトリフレクタの接続先を設定するため、「編集」のメニューの「入出力設定…」で「A6」にチェックを入れて、「赤外線フォトリフレクタ」に変えておこう❸。赤外線フォトリフレクタを使うためのブロックが水色になったかも確認しよう❹。

A6にチェックを入れて、赤外線フォトリフレクタを選択

「赤外線フォトリフレクタA6の値」が水色になったかを確認

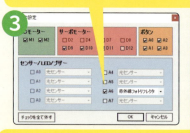

098

❸ 動作の確認

テストモードに切り替えると、センサー・ボードの「A6」に赤外線フォトリフレクタの値が表示される。赤外線フォトリフレクタに手を近づけてみて、値が変わる様子を観察してみよう❺。センサーの個体差や近づける物の色や素材によっても差があるけれど、手を近づけるほど値は大きくなり、おおよそ0から50の範囲で変化するはずだね。また、近づける物の色によっても数値は違うけれど、センサーとの距離が約3cmだと5から8くらいの値になるだろう。

❺
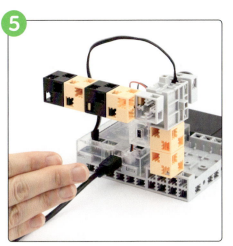
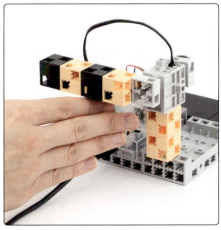

手が遠いときは値が小さくなる

手を近づけると値が大きくなる

Part 3 ロボットを動かそう　099

④ プログラムの改造

先ほどつくった踏切のプログラムを改造して、センサーの値によってバーを上げ下げするプログラムをつくってみよう❻。プログラムが完成したら電源ボックスのスイッチをONにして、動作をテストしてみよう。プログラムの保存も忘れずにね。

⑤ 踏切の完成

ゲートに手を近づけると自動的にバーが上がるようにできたかな？❼

動作テストがうまくいったら、「実行」メニューから「プログラム作成・転送」をクリックして、プログラムを転送しよう。これでコンピューターは不要になり、どこでもゲートを移動して設置できるようになるぞ。

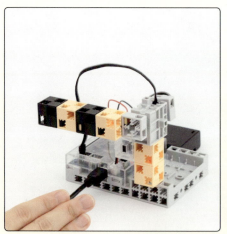
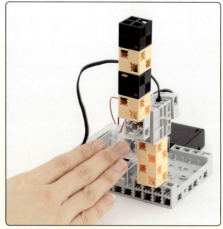

❼ 自動で開閉するゲートが完成

100

ワニ型ロボットを つくろう

　これまで説明してきたアクチュエーターやセンサーを使って、いよいよワニ型ロボットづくりにチャレンジするぞ。

🐭 ❶ロボットの設計

　Scratchで作品をつくるときもそうだけれど、ロボットをつくる場合も、どんな見かけで、どんな動作をするものなのか、一度紙に書いてみると考えがまとまりやすいぞ❶。

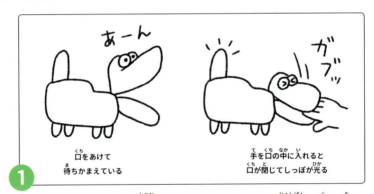

❶ 口をあけて待ちかまえている／手を口の中に入れると口が閉じてしっぽが光る

　次のページからは、まずワニの体をアーテックブロックで順番に組み立てていこう。ワニの体は、アクチュエーターやセンサーを組み込んだブロックでつくっていくよ。このようなロボットの体のように触れる部分全体を「ハードウェア」と呼ぶことがあるぞ。このハードウェアが完成したら、スタディーノに転送するプログラムをつくっていくけれど、これをハードウェアに対応する言葉として「ソフトウェア」と呼ぶことがある。つまりロボットを「ハードウェア（目に見え、触れる部分）」と「ソフトウェア（プログラムのこと）」の2つの部分で分けた場合の呼び方だね。

Part 3　ロボットを動かそう　101

❷ 足をつくる

足となる部品をつくって、スタディーノの本体の裏の四隅に固定しよう❷。

スタディーノの台座に差し込めるように、上に突起が出るようにする

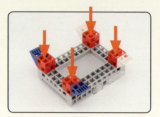

❸ 尾をつくる

次は尾をつくろう。尾の先のほうには緑のLEDをつけたよ❸。

尾を本体に接続したら、LEDの接続ケーブルをスタディーノのA4のコネクターに接続しておこう❹。灰色の線が青色のスタディーノの基板の中心のほうに向くように接続しよう❺。

緑色のLEDを組み込む

前方に突起が出るようにする

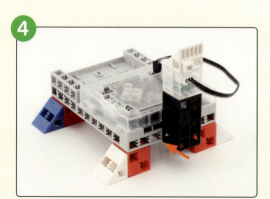

A4のコネクターに接続

102

❹ あごをつくる

次は上あごをつくるよ。サーボモーターとの接続のために後ろに突起が必要になるぞ。見本をよく見て組み立てよう❻。

下あごには赤外線フォトリフレクタを埋め込んでつくろう❼。これで口に手が入ったことを検知するよ。

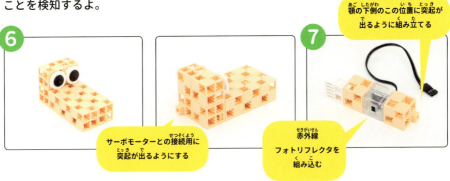

❺ 下あごの取りつけ

下あごが完成したら、スタディーノの台座に取りつけよう❽。接続コードはA5のコネクターに接続するよ❾。

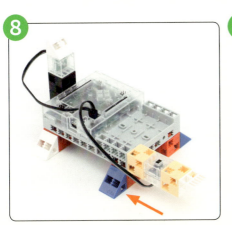

Part 3 ロボットを動かそう　103

6 上あごの取りつけ

スタディーノの台座にサーボモーターを取りつけるための土台を取りつけよう⓾。サーボモーターはその土台に設置するよ⓫。サーボモーターの取りつけの向きにも注意して、最後にサーボモーターに上あごを固定しよう⓬。サーボモーターの接続コードをD9のコネクターに接続したら完成だよ⓭。

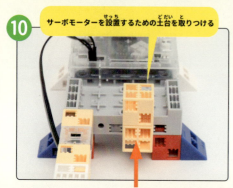

⓾ サーボモーターを設置するための土台を取りつける

⓫ 力を入れないと回転しない軸はこちら

⓬ サーボモーターの軸に上あごを差し込む

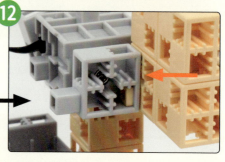

⓭ ワニ型ロボットの体が完成

❼ 入出力の設定

USBケーブルでコンピューターとスタディーノを接続しよう。電池ボックスの電源がOFFになっていることを確認して、電池ボックスも接続しよう。次に電池ボックスの電源をONだ。ブロックプログラミング環境を起動したら、「編集」のメニューから「入出力設定...」を選択しよう。A4に尾のLED、A5は下あごに組み込んだ赤外線フォトリフレクタを設定しよう❶。

❽ プログラムの流れの整理

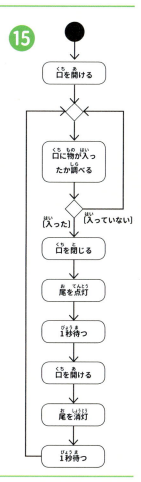

少し複雑な動きになるから、プログラムを考える前に図で処理の流れを整理してみよう❶。これはアクティビティ図と呼ばれる図だぞ。黒丸が処理の開始を示している。角が丸い四角の中に処理の内容を書くよ。ひし形は処理の流れの矢印が合流するときや、分岐をするときに使う。分岐をする場合の条件は[ ]で囲んで[入った]のように書くという決まりがあるぞ。

まず最初は口を開けた状態にするよね。次に繰り返して口の中に物体が入っているかを調べて、入っていれば口を閉じるよ。入っていない場合はとくに何もしないで、また口の中に物体が入っているかを調べるという処理の流れになるね。今回は口に物が入ったか調べるために赤外線フォトリフレクタを使っているし、口の開閉にはサーボモーターを動かす必要があるけれど、最初に図で処理の流れを考える場合は、こんな風にロボットの動作で考えると考えやすいよ。

Part 3 ロボットを動かそう　105

❾プログラムをつくる

　図を描いて処理の流れが整理できたら、それぞれの処理に対応するブロックを考えてみよう。口や尾などの部品ごとに、アクティビティ図の中の処理を実現するためのブロックをまとめてみたよ❶⓰。いきなりプログラムをつくるのではなく、あらかじめこうして整理して考えることで、プログラムの間違いも減らすことができるぞ。アクテビティ図の中の繰り返しの部分や条件分岐の部分は「ずっと」や「もし」のブロックを使ってつくればよいね。

　⓯のアクティビティ図をぜんぶプログラムにしたお手本を載せておくね⓱。これを参考にして、プログラムをつくってみよう。赤外線フォトリフレクタの値を繰り返して調べることで、口の中に手が入ったことを調べているよ。30の値は実際にセンサー・ボードの値を観察しながら決めるとよいぞ。

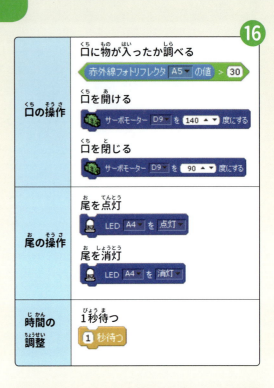

プログラムが完成したら、動作のテストをしてみよう。「実行」のメニューから「テストモード開始」でテストモードにして、🏁をクリックして実行してみよう。口に手を入れると噛まれるはずだ⓲。

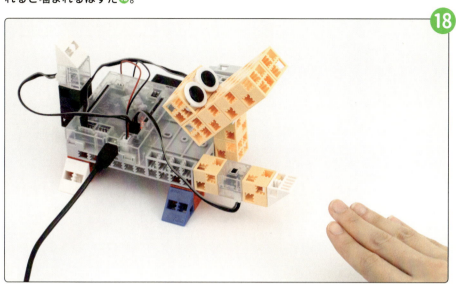

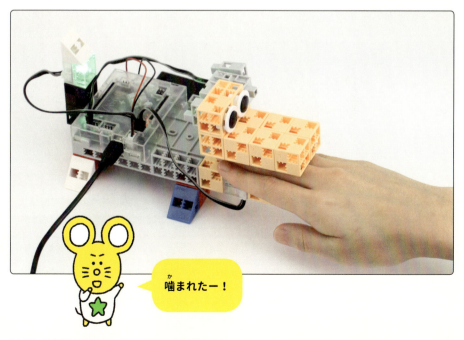

噛まれたー！

Part 3　ロボットを動かそう　107

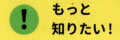

プログラムの説明

　口の開閉をしている部分のプログラムだけ抜き出して説明しよう。口を閉じて（サーボモーターを90度にする）、尾を光らせ（LEDを点灯）はじめたら、1秒待つようにしている。そのあと、口を開けて（サーボモーターを140度にする）、尾を光らせるのをやめているよね。そのあとに1秒待っている理由はわかるかな？

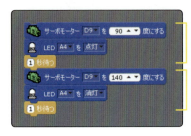

　試しに、上の最後の「1秒待つ」をプログラムから外して、下のようなプログラムに変更するとどうなるだろう？

ここにあった「1秒待つ」のブロックを外して動作を確認

　口を開けては閉じるという動作を常に繰り返してしまうはずだね。96ページでサーボモーターを動かすには時間がかかるということを説明したよね。この「1秒待つ」というブロックは上あごが完全に戻るために必要な動作の時間だよ。この動作に必要な時間が確保されないと、上あごが完全に開き切らないうちに、赤外線フォトリフレクタの値を繰り返して調べてしまうことになる。これだと、戻り切っていない上あごを、手だと認識して、すぐに口が閉じてしまうということだね。

ワニ型ロボットを改造しよう

手を入れると毎回口を閉じるのではなく、3回に1回だけ口を閉じるような動作に変更するにはどうすればよいかな？「みんなで順番に手を口に入れていって、手を噛まれた人が当たり」のようなゲームに使えるロボットになるぞ。

❶ プログラムの準備

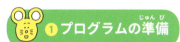

順番に考えていこう。

まずはプログラムの基本的な構造を整理するため、今までつくったプログラムのうち、口を閉じて開ける動作のブロックを取り外しておこう❶。

基本的な構造はこれまでと同じだよ。赤外線フォトリフレクタの値を繰り返して調べることになる。「もし」のブロックの中はこれまでは口を閉じる動作を入れていたけれど、この部分は「3回に1回だけ噛む」という動作に変更すればよいね❷。

一度、噛む動作の部分を取り外す

❶

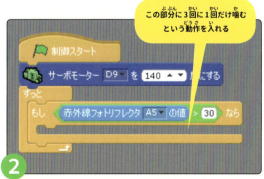

この部分に3回に1回だけ噛むという動作を入れる

❷

Part 3 ロボットを動かそう　109

❷ 当たりの動作を設定

3回に1回だけ噛むという動作を実現するために、変数と乱数を使うよ。まずはbite（噛む）という名前の変数を用意しよう。変数のボタンをクリックしてから「新しい変数を作る」を選択しよう❸。変数名をbiteと入力するよ❹。

この変数biteに毎回1から3のランダムな数字を設定して、その数字が1のときだけ噛むという動作をさせるようにしよう。biteを1から3までの乱数にした後で、biteの値を調べればよい。プログラムは❺のようになるね。

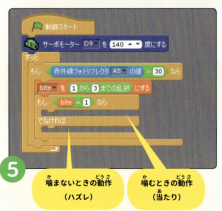

❸ ハズレの動作を設定する

噛まない場合（ハズレ）も何かしらの反応があるほうがよいので、噛まない場合は尾のLEDを点滅させることにしよう。先にこの部分のプログラムだけをつくってテストをしておくとよいぞ。スクリプトエリアの隙間に❻のように点滅のプログラムだけをつくっておき、クリックするとこの部分だけを実行することができる。

最後にバラバラになっているプログラムを組み合わせよう❼。

❹ プログラムの完成

これでゲームに使えるワニ型ロボットのプログラムは完成だね❽。完成したらまず保存をして、「実行」メニューから「プログラム作成・転送」をクリックして転送をしておこう。

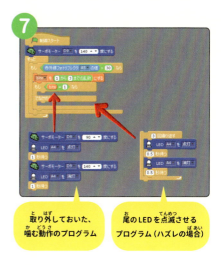

取り外しておいた、噛む動作のプログラム

尾のLEDを点滅させるプログラム（ハズレの場合）

できた〜♪

Part 3　ロボットを動かそう　111

⑤ 動作のテスト

完成したら動作のテストをしてみよう⑨。電池ボックスの電源を入れると、ワニは口を開けて待機するはずだね。手を入れても噛まれないとき（ハズレ）と噛まれるとき（当たり）がランダムに動作するようになったはずだ。スタディーノにプログラムが書き込まれているから、電池ボックスの電源をONにすれば、ロボットをもち運んで遊ぶこともできるぞ。友達と順番に手を入れてみるといった遊び方も試してみよう。

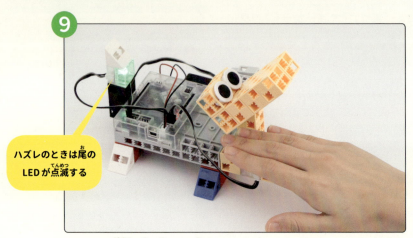

たいていの場合は手を入れても噛まない（ハズレ）

ハズレのときは尾のLEDが点滅する

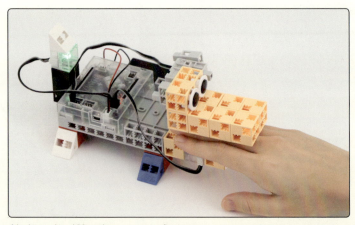

約3回に1回の割合で噛まれるぞ！（当たり）

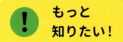

キットの応用

ロボットづくりはどうだったかな？「新KoKaスタディーノプログラミングセット」を使えば、ここで紹介したワニ型ロボット以外にも、工夫次第でいろいろなおもしろいものをつくることができるぞ。キッズプログラマー応援サイト「スタプロ」の「スタディーノでラクラク電子工作」のコーナーで、下にあるようなたくさんの工作を紹介しているから見に行こう。

http://prog.kodomonokagaku.com/

ラーメンタイマー

あっち向いてホイマシン

ボタンで首振りロボット

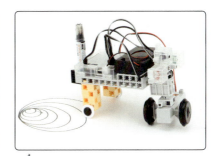

お絵かきロボカー

もっと知りたい！ ブロックからテキスト言語へ

　Part 1～3では、ブロックを組み合わせてプログラミングをする言語を使ってきた。Part 4からは、テキストを書いていくプログラミング言語を使っていくよ。なぜなら、これからつくるWebサイトやスマホアプリは、Scratchではつくることができないからだ。12ページで、つくりたいものがあれば、それに必要なプログラミング言語を覚えていくという話をしたね。

　ブロックを組み合わせるScratchのような言語は、とてもわかりやすくて、初心者がプログラミングの基本を覚えるのに適している一方で、どうしてもできることが限られてしまうんだ。テキストを打ち込むタイプの言語は注意しなければいけない点も増えるけど、これを覚えていくとできることがグンと広がるから、プログラミングに興味をもったキミはぜひチャレンジしてほしい。ここまでScratchでプログラミングを経験してきたみんななら、基本的な考え方は同じだから、比較しながら覚えていくこともできるよ。

　そこでPart 4に入る前に、今やったスタディーノのプログラムを例に、ブロックの言語とテキストの言語のつながりについて解説しておこう。ブロックとテキストがどういう風に対応しているのか見てみてね。

　スタディーノはScratchベースでプログラミングできることが特徴のマイコンだけど、じつはブロックプログラミング環境で書いたプログラムを、「Arduino（アルデュイーノ）」というC言語によく似たテキストのプログラミング言語に自動的に変換してから、スタディーノに転送しているんだ。

　スタディーノにプログラムを書き込むときは「プログラム作成・転送」というメニューを選択していたよね（90ページ）。この場合は変換されたArduinoのファイルを見ることはできないけど、「編集」というメニューの「Arduino言語に変換...」を選択すると、変換後のファイルを保存することができる。

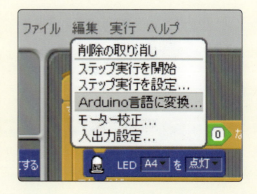

たとえば89ページでやった、スタディーノのA0のボタンを押しているときだけLEDが点灯するプログラムの場合、下のようなプログラムに変換されて、スタディーノに送られているんだ。

ブロックで書いたプログラム　　　　Arduinoに変換されたプログラム

では、ブロックに対応しているArduinoのプログラムはどのようになっているのか見てみよう。
LEDの点灯・消灯はこうだ。

ブロックで書いたプログラム　　　　Arduinoで書いたプログラム

　Arduino言語では、ぜんぶが英語で書かれていて、すべての命令の最後に「;」(セミコロン)がついている。括弧の中に「,」(カンマ)で区切って、コネクタ(A4)の指定や、ONとOFFについて指定されているけれど、ほとんどブロックと同じだということがわかるね。

次に、A0のボタンが押されているかどうかを調べる部分を見てみよう。

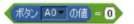   (PUSHSWITCH(PORT_A0)==0)

ブロックで書いたプログラム　　Arduinoで書いたプログラム

こちらもLEDの点灯と同じように、Arduinoの場合は英語で書かれているけれど、括弧の中に調べるボタンのコネクタを指定して、その値が0と等しいかを比較している。Arduinoの場合は等しいかを調べる場合は「=」（イコール）を2つ並べて書く決まりがあるんだ。

「ずっと」や「もし　なら　でなければ」といった「制御」のブロックについても見ていこう。

「ずっと」のブロックはArduinoでは、「for」という繰り返しのための命令を使っているね。「for」の後の「{」と「}」の間に繰り返す命令を書くよ。「もし　なら　でなければ」は「if-else」の命令を使っている。ブロックでは六角形の部分に条件を入れたけれど、Arduinoでは「if」の後の「(」と「)」の間にこの条件を書く。ブロックでへこんでいる部分を表現するには、「for」と同じように「{」と「}」を使うぞ。

細かい部分の説明は省略したけれど、ブロックで書いたプログラムがArduinoに変換された後の様子はわかってもらえたかな。ブロックを使わないでプログラムを書く場合は、Arduinoのプログラムを書けばよいということになる。

```
for (;;) {

}
```

```
if () {

} else {

}
```

ブロックで書いた　　Arduinoで書いた
プログラム　　　　　プログラム

ブロックでプログラムを書く場合は、命令の細かい部分まで覚えていなくても、大丈夫だったよね。でも、LEDを点灯させるプログラムをArduinoで書く場合は、まずはLEDを点灯させるための命令である「board.LED」という命令を間違いなく打って、そのあとに括弧をつけて、カンマで区切って「PORT_A4」と「ON」を打ち、最後に「;」を忘れないようにつけるという作業が必要になる。どこかで一文字でも間違えるとプログラムは動かない。テキストで書くプログラム言語では、細かいプログラムの「文法」が決まっていて、それを守って書く必要があるんだ。

人間が文章を読むときは、少しの間違いがあってもなんとなくうまく正しい文を予想して読んでくれるよね。でも、プログラムを読むのはコンピューターだから、間違いをうまく解釈してくれたりはしないんだ。テキストでプログラムを書く作業は慣れればみんなでもできるけれど、最初からこれだとプログラミングが嫌になってしまうよね。だからブロックでつくれるように工夫がしてあるということだよ。

Arduinoを使ったプログラミングに挑戦してみたい人は、113ページで紹介した「スタプロ」(http://prog.kodomonokagaku.com)に公開されている連載「スタディーノでラクラク電子工作」の11～12回目を見てみよう！

Part 3 ロボットを動かそう

Part 4

Webサイトをつくろう

コンピューターがインターネットにつながっていると、世界のいろいろな情報にアクセスできるよね。Part 4では、インターネットで公開されているWebサイトのしくみを学ぼう。しくみがわかれば、自分でつくることができるぞ。

Webサイトの しくみ

イ ンターネット上には、さまざまな情報がWebページと呼ばれる形式で公開されている。あるテーマに沿った複数のWebページを集めて、見やすく整理したものを「Webサイト」と呼ぶよ。

まずは、Webサイトを見ることができるしくみについて解説しておこう。Webサイトを見るためには、Webブラウザーというアプリケーション（アプリ）を使う。このWebブラウザーに、見たいWebサイト

のURL[※1]（アドレスといわれることもあるよ）を入力するよね。このURLは、インターネットのどこにWebサイトのデータがしまってあるかを示す住所のようなものだ。

WebブラウザーにURLが入力されると、インターネットを通じて、そのWebサイトのデータがしまってあるサーバーと呼ばれるコンピューターに「必要なものを送ってください」という「お願い」を送る。サーバーはこのお願いに「必要なものを送りますね」というお返事をした後に、Webサイトを表示するのに必要なものを送ってくれる。具体的には、Webサイトに表示する画像、文章、そして、それらをどのように表示するかという「指示」のことだ。

データと指示を受け取ったWebブラウザーは、送られてきた指示に従って、画面に文字や画像を表示するんだ。画面に表示する文章や指示を書くための言語を「HTML[※2]」と呼ぶよ。HTMLは文書や画像をどのように表示するかを指示するための言語だ。

HTMLは次のページで詳しく紹介するよ

※1　Uniform Resource Locator ➡ ユニフォーム・リソース・ロケーター
※2　HyperText Markup Language ➡ ハイパーテキスト・マークアップ・ランゲージ

Webサイトは どうつくる？

Part 4では、Part 1でつくった「フラッピーキャット」の企画書のWebページをつくってみるよ。まずは、つくるWebページとHTMLを見てみよう。

HTMLを簡単にいうと、Webページに表示したい内容を書いて、それにタグといわれる印をつけていく言語だ（HTMLのM、Markupは

```
<!DOCTYPE html>
<html>
    <head>
        <meta charset="utf-8">
        <title>フラッピーキャット 企画書</title>
    </head>
    <body>
        <h1>フラッピーキャット 企画書</h1>
        <h2>どんなゲーム？</h2>
        <p>2013年に大ヒットした「Flappy Bird」を、Scratchで再現したアクションゲーム。</p>
        <h2>画面イメージ</h2>
        <img src="stage.png">
        <h2>登場キャラクター</h2>
        <dl>
            <dt>空飛ぶネコ</dt>
            <dd>プレイヤーが操作する主人公。スペースキーで操作できる。</dd>
            <dt>障害物</dt>
            <dd>画面の右からランダムな位置に出現してくる。</dd>
        </dl>
        <h2>ルールと操作方法</h2>
        <ol>
            <li>緑の旗をクリックするとゲームがスタートする</li>
            <li>スペースキーを押してプレイヤーを操作し、障害物をよける</li>
            <li>障害物や上下の壁に衝突した場合はゲームオーバー</li>
            <li>障害物を避けると、スコアが増える</li>
        </ol>
    </body>
</html>
```

HTML
ページの文書と表示の指示

表示する画像ファイル
stage.png

印をつけるという意味だよ)。一般的なプログラミング言語のように、計算や動作を指示することはできないから、プログラミング言語とは呼ばれないよ※。でも、HTMLも決まりを守って書く必要があるんだ。タグは「<」と「>」で囲んだ、<html>のような形式で書くぞ。Webブラウザーはこの印をもとにして、表示する内容と大きさ、位置などを読み取り、画面に表示するよ。画像も同じようにタグを使って表示するファイルを指定していくんだ。

※ HTML5という規格にはECMAScriptというスクリプト言語のAPIも含まれるから、それも含めてプログラミング言語とする場合もあるよ。

つまり、HTMLを使って表示したいページの内容と、表示のための指示を書き、画像などのデータを準備すれば、自分でページがつくれるということだね。

Webサイトをつくる場合は、複数のWebページをつくって、それらをトップページからたどれるようにリンクするんだ（下の図）。別のページやサイトを、クリックするだけで見られるようにするためのしくみ（これがHTMLのHT、HyperTextの意味だよ）も、HTMLには用意されているんだよ。

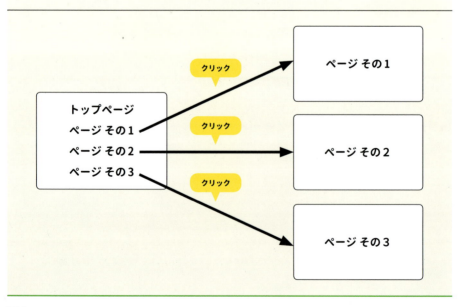

Webサイトのリンク

自分でつくったWebサイトをインターネットで
公開したい場合は、サーバーを用意し、
公開したいデータを設置する必要がある。
これは少しむずかしいから、まずはつくったWebサイトを
自分のコンピューターで見られるようにしてみよう。

もっと知りたい！ HTMLを見てみよう

Windowsを使っていて、WebブラウザーにEdgeを使っている場合は、画面を右クリックして、メニューを表示させ、「ソースの表示」を選択すると※、サーバーから送られてきたデータを見ることができるよ。HTMLの書き方については後で説明していくから、まだ詳しく見る必要はないけれど、HTMLがどんなものかのイメージはつかめるはずだ。サーバーから送られてきたHTMLなどの画面を表示する「源」のことを「ソース（Source）」と呼ぶよ。

ここにHTMLの
ソースが表示される

ソースの表示を
閉じる場合は×を押す

※「ソースを表示」のメニューが表示されない場合は、Edgeのウインドウの右上のメニューをクリックし、「開発者ツール」を選択しよう。

Part 4　Webサイトをつくろう　125

HTMLを書いてみよう

ここからは実際にHTMLの書き方を学んで、Webページをつくってみるよ。まずは練習のために簡単なHTMLを書いてみよう。

❶ メモ帳の起動

❶〜❸の手順で、Windowsのメモ帳を起動しよう。

❷ HTMLを書こう

メモ帳が起動できたら、次のページのHTMLの見本をそのまま書き写してみよう❹。

> HTMLの内容は後で説明するから心配いらないよ。まずは間違えずに写してみてね。

これからつくる HTML

```
1   <!DOCTYPE html>
2   <html>
3       <head>
4           <meta charset="utf-8">
5           <title>トップページ</title>
6       </head>
7       <body>
8           <h1>はじめてのWebページ</h1>
9           <p>HTMLを書いてみたよ。</p>
10      </body>
11  </html>
```

❹

メモ帳の画面

入力するとき左に入っている行の番号は書く必要はないよ。記号の打ち方がわからないときは次のページを見てみよう！

表示されるWebページ

Webページはすぐには表示されないよ。最後に表示させるから順番に進めていこう。

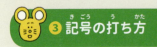
❸ 記号の打ち方

HTMLを書くときに必要な、日本語キーボードを使う場合の記号などの打ち方を整理しておくね。「！」と入力したいときは、「Shift」と「！」を同時に押すと入力できるよ。

記号	打ち方
！	Shift ＋ ！
<	Shift ＋ <
/	/
>	Shift ＋ >
"	Shift ＋ "
大文字の英語（DOCTYPEなど）	Shift ＋ 英字のキー

❹ 空白のつくり方

HTMLの見本では、それぞれの行の先頭に空白が入っているね。この空白を入力するためには、Tabのキーを押そう。空白は入れても入れなくても、表示されるWebページの見た目は変わらないけれど、HTMLを見やすくすることができるんだ。

見やすくするための空白を「インデント」というよ。詳しくは141ページで説明するぞ。

5 フォルダーの準備

HTMLは書けたかな？ これからファイルをたくさんつくるので、それを整理しておくためのフォルダーをつくろう。今後も必要なファイルはすべてこのフォルダーに入れて管理しよう。

フォルダーをつくる場所は、わかりやすい場所ならどこでもよいけれど、フォルダーの名前には全角の文字（漢字や平仮名）を使わずに、半角英数で名前をつけるようにしよう。全角の文字を使うと、Webページがうまく表示されないといったトラブルが起こる可能性があるからだよ。

ここでは、デスクトップに「myweb」というフォルダーをつくる方法を説明するよ。デスクトップを右クリックしてメニューを表示させ、「新規作成」の「フォルダー」を選んで新しいフォルダーをつくろう❺。つくったフォルダーの名前は「新しいフォルダー」になっているね。名前の部分をクリックすれば、フォルダーの名前を変更できるぞ。名前をmywebと入力すれば、準備は完了だ❻。

6 ファイルの保存

今度は先ほどメモ帳でつくったファイルを保存しよう。「ファイル」メニューの「名前を付けて保存」を選択しよう❼。

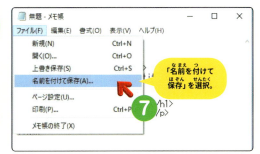

Part 4 Webサイトをつくろう 129

保存場所を選択するため、デスクトップの「myweb」フォルダーを探してダブルクリックしよう❽。ファイルの名前は、「index.html」と入力しよう❾。

Webサイトのトップページは、index.htmlという名前にすることが多いよ。また文字コードの指定をUTF-8にするのを忘れないようにしよう。文字コードの意味については後で説明するよ。

デスクトップにつくった
mywebをダブルクリック

index.htmlと入力

文字コードを
UTF-8に設定する

よし、ページを表示させるぞー！

❼ Webページを表示

ファイルが保存できたら、保存したファイルをダブルクリックしてみよう❿。Webブラウザーが起動して、Webページが表示されたかな？⓫

HTMLの構造を知ろう

ここからは先ほどつくったHTMLの内容について解説していくよ。自分でつくったHTMLと見比べながらチェックしてみよう。

❶ タグとは？

HTMLは「タグ」と呼ばれるもので囲んで印をつけるようにして書くよ。HTMLに書いた内容のそれぞれに、この部分はどんなものかという印をつけて、Webブラウザーがわかるようにしてあげるんだ。

たとえば、「はじめてのWebページ」という文章は「h1」というタグを使って囲んでおく。hは「Heading（見出し）」の略だよ。1は一番大きな見出しという意味だ。Webブラウザーはこのh1で囲まれた部分の文字を大きく目立つように表示してくれる。

HTMLでタグをつける

Webブラウザーが解釈して表示

印をつけるタグは「<」ではじめて「>」で終わる開始タグと、「</」ではじめて「>」で終わる終了タグがセットになっているのがふつうだけど、タグによっては、終了タグを書かない場合もあるよ。

Part 4　Webサイトをつくろう　131

❷ DTD宣言とhtmlタグ

最初の行にある<!DOCTYPE html>はDTD宣言と呼ばれるもので、「このファイルはHTML（細かくいうとHTML5という規格）で書かれています」ということを示す目印だ。この目印を書いておくと、Webブラウザーに「この文章はHTMLだから、タグを読み取って、それにしたがって内容を表示してね」と伝えることができるんだ。

```
<!DOCTYPE html>          ← DTD宣言
<html>
    <head>
        <meta charset="utf-8">
        <title>トップページ</title>
    </head>
    <body>
        <h1>はじめてのWebページ</h1>
        <p>HTMLを書いてみたよ。</p>
    </body>
</html>
```

Webページの具体的な内容は<html>と</html>で囲んで記述するぞ

❸ headタグとbodyタグ

htmlタグに囲まれたページは大きく分けて2つの部分からなっている。ページの頭（head）にはページ全体の解説を、体（body）にはページの内容を書くんだ。

最初の<head>と</head>で囲まれている部分が、このページに関する情報を書く部分で、次の<body>と</body>で囲まれている部分が、ページの内容を書く部分だよ。

headは頭

bodyは体

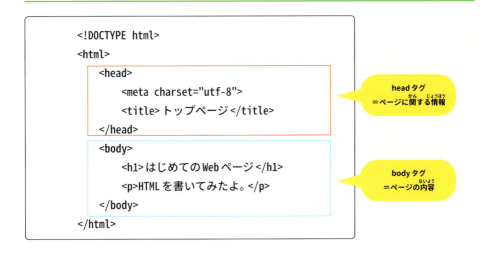

❹ ページに関する情報

　まずはheadのタグの内容を見てみよう。「charset」の部分では、つくったファイルの「文字コード」を指定している。コンピューターは文字を数字に変換して保存しているのだけれど、どの文字をどんな数字に変換するかという決まりのことを文字コードと呼ぶんだ。ファイルを保存した文字コードと、この部分の指定が食い違うと、「文字化け」といって正しく文字が表示されなくなってしまうぞ。

　130ページでメモ帳を保存するときに、文字コードを「UTF-8」に設定したね。必ずUTF-8を使わないといけないということではないけれど、今はほとんどのWebページがUTF-8という文字コードを使って保存されるようになっているから、今回はUTF-8を使っているよ。

　次のタグはtitleというタグだね。これはページのタイトルを指定するためのタグだよ。ブラウザーのタブの部分に「トップページ」と表示されているね。

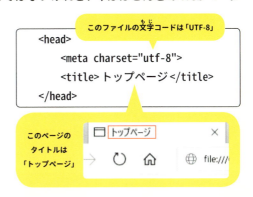

⑤ ページの内容

```
<body>
    <h1>はじめてのWebページ</h1>
    <p>HTMLを書いてみたよ。</p>
</body>
```

1番大きな見出しで「はじめてのWebページ」と表示

段落として「HTMLを書いてみたよ。」と表示

次はbodyタグの中身を見てみよう。bodyタグの中身はページにどのような内容を表示するかを書いていく。131ページでも説明したように、h1というタグはいちばん大きな見出し（Heading）をつくるためのタグだよ。いちばん大きな見出しのh1から、6番目に大きなh6までが使える。「pタグ」は段落を示すためのタグだ。段落は英語でParagraph（パラグラフ）というよ。この頭文字のpを取ったものだね。複数の段落がある場合は、それぞれをpタグで囲めばよいことになる。

ほかにもいろいろなタグがあるのだけれど、これをぜんぶ覚える必要はないぞ。必要なときに調べていけばよい。インターネットにもタグを分かりやすくまとめたサイトがあるので、紹介しておこう。

HTML クリックリファレンス　http://www.htmq.com/html/indexm.shtml

HTML

```
<h1>1番目に大きな見出し</h1>
<h2>2番目に大きな見出し</h2>
<h3>3番目に大きな見出し</h3>
<h4>4番目に大きな見出し</h4>
<h5>5番目に大きな見出し</h5>
<h6>6番目に大きな見出し</h6>
```

Web ブラウザーでの表示結果

1番目に大きな見出し
2番目に大きな見出し
3番目に大きな見出し
4番目に大きな見出し
5番目に大きな見出し
6番目に大きな見出し

企画書のWeb
ページをつくろう

HTMLについて、少しだけわかってもらえたかな？ここからはPart 1でつくった「フラッピーキャット」の企画書のページをつくってみるよ。フラッピーキャットを実際につくる前に「どんなゲームかを説明するためのページ」というつもりでつくってみるぞ。もし、みんながつくりたいほかのゲームや作品がある場合は、その内容でつくってみてもよいね。まずはどんなページをつくるかの内容を簡単に整理しておこう。

つくりたいページの
イメージを
スケッチに描いて
みるといいよ。

どんなゲーム？
ゲームの内容を説明した簡単な文章

画面イメージ
ゲームの画面の画像

登場キャラクター
ゲームに登場するキャラクターの説明

ルールと操作方法
どんなルールか、どんな操作をするかを
箇条書きで説明

Part 4　Webサイトをつくろう　135

❶ Bracketsの起動

HTMLはメモ帳でつくることもできるけれど、より本格的なWebページをつくる場合は、HTMLが書きやすいように工夫されたアプリを使うほうが便利だぞ。今回は「Brackets（ブラケッツ）」というアプリを使ってみよう。

Bracketsのインストール

ここからは「Brackets」という無料のアプリでWebページをつくっていきます。プログラミングサポートページの「Bracketsのインストール」の項目で紹介している手順で、大人といっしょに必要なソフトのダウンロードとインストールを行ってください。

https://kodomonokagaku.com/miraiscience/support/

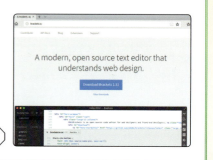

インストールができたら、Bracketsを起動しよう。Windowsロゴをクリックして❶、アプリの一覧からBracketsを選択❷すれば起動できるぞ。

Windowsロゴをクリック

新しいアプリを使うんだねー。

アプリの一覧からBracketsをクリック

Bracketsが起動できたら、ファイルのメニューから、「フォルダーを開く...」を選択しよう❸。前に用意したmywebのフォルダーを探して「フォルダーの選択」というボタンをクリックしよう❹。

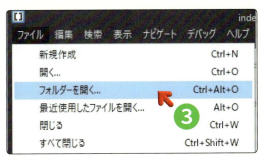

Bracketsの画面の左にmywebと表示されればOKだ❺。mywebの下に表示されているindex.htmlをクリックすると、前にメモ帳でつくったHTMLをBracketsで確認することができるよ。タグが色分けされて表示されて、見やすくなっているのがわかるね❻。

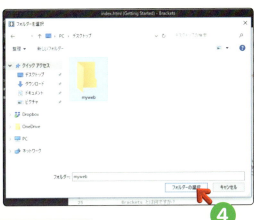

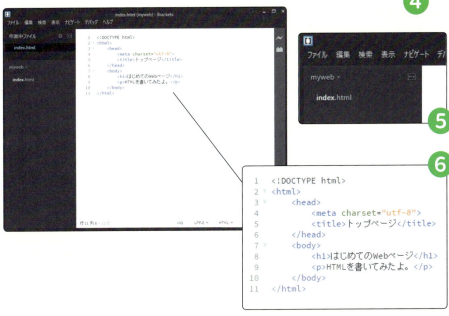

Part 4　Webサイトをつくろう　137

❷ ページの新規作成

次に新しくHTMLを書くためのファイルをつくろう。ファイルのメニューから「新規作成」を選択しよう❻。Bracketsの画面の左に作業中ファイルという表示が追加されて、「名称未設定-1」という項目が表示されるね❼。

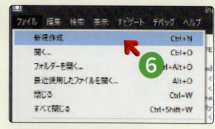

「名称未設定-1」の部分を右クリックしてメニューを表示させ「名前を付けて保存...」を選択しよう❽。保存先を選択する画面が表示されるので、mywebのフォルダーが選択されていることを確認して、ファイル名の部分に「plan.html」と入力して❾、保存をクリックしよう❿。

作業中ファイルの名前がplan.htmlに変更されていることを確認しよう⓫。下のmywebの中にもplan.htmlが表示されているね。planは英語で「計画」という意味だよ。これからつくるゲームの企画書にはぴったりのファイル名だよね。

これで作業中ファイルに「index.html」と「plan.html」の2つが表示されるようになったね。作業したいファイルを切り替えたいという場合は、項目をクリックすれば切り替えができるぞ。

❸ HTMLの入力

これからplan.htmlに入力するHTMLが⓬だよ。これは、画像を表示する以外の部分だ。前と違って少し量が多いけれど、落ち着いて入力すれば大丈夫だよ。

⓬

```html
1   <!DOCTYPE html>
2   <html>
3       <head>
4           <meta charset="utf-8">
5           <title>フラッピーキャット 企画書</title>
6       </head>
7       <body>
8           <h1>フラッピーキャット 企画書</h1>
9           <h2>どんなゲーム？</h2>
10          <p>2013年に大ヒットした「Flappy Bird」を、Scratchで再現したアクションゲーム。</p>
11          <h2>画面イメージ</h2>
12          <h2>登場キャラクター</h2>
13          <dl>
14              <dt>空飛ぶネコ</dt>
15              <dd>プレイヤーが操作する主人公。スペースキーで操作できる。</dd>
16              <dt>障害物</dt>
17              <dd>画面の右からランダムな位置に出現してくる。</dd>
18          </dl>
19          <h2>ルールと操作方法</h2>
20          <ol>
21              <li>緑の旗をクリックするとゲームがスタートする</li>
22              <li>スペースキーを押してプレイヤーを操作し、障害物をよける</li>
23              <li>障害物や上下の壁に衝突した場合はゲームオーバー</li>
24              <li>障害物を避けると、スコアが増える</li>
25          </ol>
26      </body>
27  </html>
```

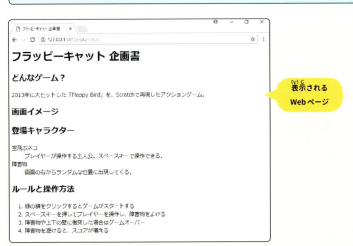

表示されるWebページ

❹ 新しく出てきたタグ

⓬で新しく登場したタグについて説明しておくね。

登場キャラクターのところで使っているのは「定義リスト」と呼ばれるタグだよ⓭。「<dl>」と「</dl>」の間に、用語とその説明を書いていく。用語は「<dt>」と「</dt>」で囲み、説明は「<dd>」と「</dd>」で囲むんだ。

ルールと操作方法のところで使っているのは「番号付きの箇条書き」と呼ばれるタグだよ⓮。「<ol>」と「</ol>」の間に、箇条書きにしたい項目を書いていく。項目は「<li>」と「</li>」で囲むようにする。番号の数字は書かなくても自動的に1から順番につくよ。

> いろんなタグが
> あっておもしろい！
> Webページって
> こうやってできて
> いるんだねー。

⓭
```
<dl>
    <dt>用語1</dt>
    <dd>用語1の説明</dd>
    <dt>用語2</dt>
    <dd>用語2の説明</dd>
</dl>
```
HTML

↓

用語1
　　用語1の説明
用語2
　　用語2の説明

Webブラウザーでの表示結果

⓮
```
<ol>
    <li>項目1</li>
    <li>項目2</li>
    <li>項目3</li>
</ol>
```
HTML

↓

1. 項目1
2. 項目2
3. 項目3

Webブラウザーでの表示結果

⑤ 効率よく HTML を打つには？

　Bracketsには、HTMLを書くときに便利な機能がある。まずは最初の行の<!DOCTYPE html>を書いたら、改行をしよう。次に<html>と打つと、自動的に</html>が追加される⑮。<html>と</html>の間に改行を追加してから⑯、<heと打ちはじめると、候補が表示されるね⑰。候補の中からheadを選べば、残りのadは自動的に追加される。そして>を打てば、</head>が自動的に追加される。このように自動的に表示される候補を使って打っていくと、効率よくHTMLをつくっていくことができるというわけだ。

⑥ インデント

　128ページで少し触れたインデントについても説明しておこう。HTMLを書くときは、HTMLが読みやすくなるようにインデントをつけるようにするんだったね。

インデントをした HTML

```
1   <!DOCTYPE html>
2   <html>
3       <head>
4           <meta charset="utf-8">
5           <title>トップページ</title>
6       </head>
7       <body>
8           <h1>はじめてのWebページ</h1>
9           <p>HTMLを書いてみたよ。</p>
10      </body>
11  </html>
```

インデントのない HTML

```
1   <!DOCTYPE html>
2   <html>
3   <head>
4   <meta charset="utf-8">
5   <title>トップページ</title>
6   </head>
7   <body>
8   <h1>はじめてのWebページ</h1>
9   <p>HTMLを書いてみたよ。</p>
10  </body>
11  </html>
```

Part 4　Webサイトをつくろう　141

タグに囲まれている部分は、行の先頭にスペースを入れて見やすくする。これがインデントだね⑱。

自分でインデントをつけるときは、Bracketsの場合は初期設定で、Tabキーを押すと、自動的に半角スペースが4つ分入るようになっている。また、Bracketsはタグの最後で改行をすれば、自動的に適切な位置までインデントをつけてくれる機能がある。たとえば、bodyタグの最後に文字のカーソルを移動してから改行すると⑲、インデントをしたスペースを追加して改行してくれる⑳。そのままのカーソルの位置で新しいタグを書きはじめれば、正しくインデントをした状態でタグを追加できるぞ。

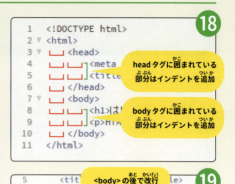

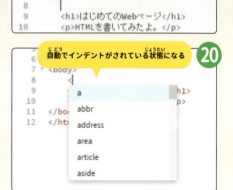

❼ 保存しながら入力しよう

長いHTMLを入力するときは、途中でファイルを保存しておくといいよ。作業中ファイルや、Bracketsのウィンドウの上には、ファイル名が表示されているけど、この先頭に●の印がついている場合は、変更が保存されていないという印だ㉑。

ファイルのメニューの保存を選択すれば㉒、保存ができて●の印は消えるぞ。

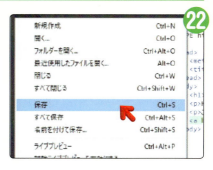

⑧ 確かめながら入力しよう

一度にぜんぶのHTMLを入力するのではなく、開始タグと終了タグのセットを何個か入力したら、ファイルを保存して、Webブラウザーで入力の結果を確かめるようにしよう。「myweb」のフォルダーにある作成中のplan.htmlのファイルをダブルクリックしてWebブラウザーで開き、HTMLの入力が正しく表示されているかを確かめよう。

このブラウザーを残したまま、またHTMLを追加して保存したら、今度はブラウザーの「最新の情報に更新」のボタンを押すと㉔、追加した部分が表示されるぞ㉕。

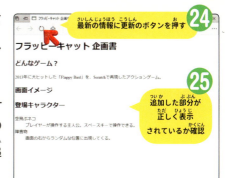

Part 4 Webサイトをつくろう　143

こんなときどうする？ 間違いやすいところ

ここではHTMLを書くときに間違いやすいことを整理しておくね。うまく表示されないときは確認してみよう。

●タグの閉じ忘れに注意しよう

正しい `<h2>登場キャラクター</h2>`

間違い `<h2>登場キャラクター <h2>` ×

終了タグの「/」を抜かしてしまうと、終了タグがない状態になってしまい、その後の内容にもタグが適用されて表示がおかしくなるよ。また、少し離れた位置にある終了タグの書き忘れにも注意だね。

●タグは半角で書こう

正しい `<p>2013年に大ヒットした「Flappy Bird」を、Scratchで再現したアクションゲーム。</p>`

間違い `< p >2013年に大ヒットした「Flappy Bird」を、Scratchで再現したアクションゲーム。</ p >` ×

タグはすべて半角で入力するよ。全角で入力すると、タグがWebブラウザーの画面に表示されてしまうぞ。

もっと知りたい！ ライブプレビューを使おう

143ページで説明したように、長いHTMLを書くときは、少しずつHTMLを書いて表示結果を確認するようにしよう。ただ、HTMLを書いて保存をして、Webブラウザーで確認するというのは少し面倒だよね。この手間を減らすために、Bracketsには「ライブプレビュー」という便利な機能があるんだ。

Google Chromeのインストール

ライブプレビューを使うためには、「Google Chrome（以下Chrome）」というWebブラウザーが必要です。ご使用のパソコンにChromeが入っていない場合は、プログラミングサポートページの「Chromeのインストール」の項目で紹介している手順にしたがってインストールを行ってください。

https://kodomonokagaku.com/miraiscience/support/

Chromeの準備ができたら、ライブプレビューのボタンを押してみよう。Chromeが起動して、現在編集しているHTMLの表示を確認することができるぞ。最初にライブプレビューを使うときは説明が表示されるけれど、これはOKを選択して閉じよう。

Bracketで書いているHTMLのカーソルを移動すると、その部分の表示が青い枠で表示されて、どの部分のHTMLがどの表示に対応しているかを確認することができるよ。HTMLを編集するとすぐに結果がChromeの表示に反映されるから、HTMLを間違いなく、素早く編集していくことができるんだ。

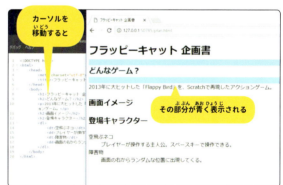

画像とリンクを加えよう

139ページのplan.htmlに、画像とリンクのタグを加えて、企画書のページを仕上げていくぞ。

❶ 画像ファイルの準備

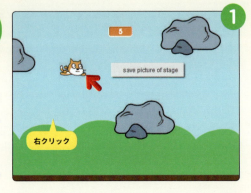

まずは表示したい画像を用意することからはじめる。画面のイメージを書いた手書きの絵の場合は、写真に撮ってコンピューターに取り込んでもいいね。

画像を用意するために、Part 1でつくったScratchの「フラッピーキャット」の画面を開いて作業しよう。保存したフラッピーキャットの画面に戻ったら、ステージを右クリックすると、「save picture of stage」というメニューが表示される❶。これを

選択すれば、ステージの画像を保存することができるぞ❷。今回はこの方法で、stage.pngという画像ファイルをmywebのフォルダーに保存したとして説明をするよ。

表示したい画像ファイルを別の方法でつくった場合も、mywebのフォルダーの中に移動をしておこう。画像の表示にトラブルが発生する可能性があるから、画像のファイル名は全角を使わず、半角英数で指定するようにしよう。

　mywebのフォルダーに、index.htmlとplan.htmlとstage.pngのような画像ファイルの3つのファイルが入っている状態になればOKだ❸。

❷ imgタグの追加

　画像ファイルの準備ができたら、画像を表示するためのタグを追加しよう。画像を表示する場合はimgというタグを使うよ。

　imgタグについては、終了タグは書く必要がない。タグの中に表示したい画像ファイルが置かれている場所を示す「パス」を書く必要がある。今回のようにmywebの中にplan.htmlとstage.pngの両方が置いてある場合は、画像のファイル名であるstage.pngを書けばいいぞ❹。

　では実際にタグを追加してみよう❺。タグを追加したら、ライブプレビューで画像が表示されているかを確認しよう。

　画像がうまく表示されない場合は、mywebのフォルダーに表示したい画像ファイルがあるか、ファイル名を間違えていないかなどを確認しよう。

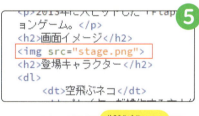

Part 4　Webサイトをつくろう　147

❸ トップページへのリンク

最後に企画書のページから、トップページ (index.html) へのリンクを追加しよう。

❻

半角のスペース／リンクしたいページのパス／リンクとして表示したい内容

`<a href="index.html">トップページへ</a>`

aの開始タグ／aの終了タグ

ほかのWebサイトやページを、クリックしただけで見られるようにするのが「aタグ」だよ。aはAnchor（船などの錨の意味）の略で、リンクをつくるときに使うんだ。その場合はタグの中にページのパスを書くよ。同じフォルダーに2つのページがある場合は、ページのファイル名を書けばよい。リンクが正しく動作するか、表示されているリンクを確認してみよう❼。

トップページから今回つくった企画書のページを見るためのリンクはどうやって書いたらいいかな？ これについては自分で考えてみよう！

HTMLを使ったWebサイトづくりはどうだったかな？
HTMLはプログラミング言語ではないけれど、
決められた規則を守って書くという点では
プログラミング言語と似ているよね。
次のPart 5ではWebサイトにしくみを追加するための
方法について説明していくよ。

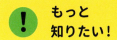

Webブラウザーによる表示の違い
もっと知りたい！

ライブプレビューでは、Webブラウザーとして Chrome を使っているけれど、つくった HTML ファイルは、別の種類のブラウザーでも開くことができるよ。Windows 10 を使っていて、とくに設定をしていない場合は、Microsoft Edge という

ダブルクリックで開く

Webブラウザーが標準的に使われる Web ブラウザーになっている。HTML ファイルを保存してある myweb のフォルダーを開いてみよう。index.html のアイコンが、青い「e」の文字が書かれたものになっているかな。これは index.html をダブルクリックして開くアプリが Microsoft Edge に設定してある印だよ。index.html をダブルクリックすると、Microsoft Edge が起動して、内容が表示されるぞ。

Microsoft Edge も Chrome も Web サイトを閲覧するためのアプリだから、少し使い勝手は違うけれど、大きな機能に差はないよ。ただし、同じ index.html を 2 つの Web ブラウザーで表示してみると、英語のフォント（文字の形の種類）が少し異なるのがわかるね。このように、Web サイトを閲覧する Web ブラウザーによっては、同じ HTML を書いても、表示や動作が異なる場合があるんだ。

Microsoft Edge で表示

Chrome で表示

つくった Web サイトをインターネットで公開して、たくさんの人に見てもらう場合は、こうした Web ブラウザーごとの表示の違いに気をつけて HTML ファイルをつくる必要があるよ。

Part 5

スマホアプリをつくろう

最後はPart 4でやった
Webサイトづくりを応用して、
スマホで動くアプリを
つくってみよう。
自分でプログラミングした
アプリをスマホで
動かすこともできるぞ！

スマホアプリはどうつくる？

　ここからはスマートフォン（スマホ）で動作するアプリをつくってみよう。Part 1でつくったゲームやPart 2でつくったARは、スマホでは動かない。たくさんの人が使っているスマホで動作するアプリをつくる方法をマスターすれば、自分のつくったものをたくさんの人に使ってもらうことができるようになるぞ。

　スマホアプリをつくる方法は大きく分けて2つある。1つ目は、「ネイティブアプリ」という形式でつくる方法だ。

　ネイティブアプリはスマホで動作しているOS[1]が直接実行できる

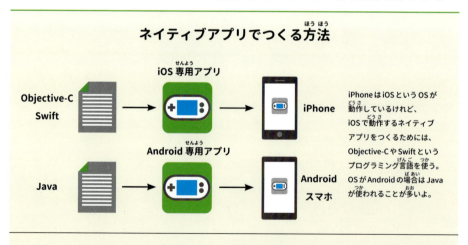

※1 Operating System ➡ オペレーティング・システム

ようなアプリのことをいうよ。ネイティブアプリは動作が軽快で、インストールが簡単にできるといった利点がある。一方で、スマホで使われているOSに対応した言語を使ってアプリをつくる必要があるから、OSが違えば異なるプログラミング言語で同じアプリを書き直す必要があるんだ（14ページのプログラミング言語表参照）。

2つ目はHTMLとJavaScriptというプログラミング言語を組み合わせてつくる方法だ。

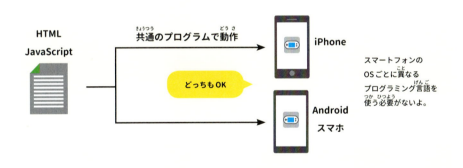

この方法なら、スマホのOSごとに違う言語を使う必要がないぞ。Part 4で学んだHTMLを活用してアプリの画面をつくっていくことができるから、アプリの動作をつくるJavaScriptを覚えればスマホアプリをつくることができるね。

だからPart 5では、この2つ目の方法でアプリをつくっていくよ。

アプリづくりの準備

　ここからは「Monaca（モナカ）」という、スマホアプリをつくるためのWebサイトを使うよ。Monacaを使えば、特別なアプリをインストールしなくてもWebブラウザーだけでアプリを開発することができるんだ。つくっているアプリを試しに動かしたりも簡単にできて便利だよ。Monacaへアクセスするときには、Part 4でも使ったChromeを使うようにしよう。ほかのWebブラウザーだとうまく動作しないことがあるから注意してね。Macを使っている場合は、Mac用のChromeでアクセスすれば使い方はいっしょだよ。

Monacaのアカウント登録

　Part 5の内容を行うには、Monacaのサイトで無料登録をして、アカウントを作成する必要があります。プログラミングサポートページの「Monacaのアカウント登録」の項目で紹介している手順で、大人といっしょに必要な手続きを行ってください。

https://kodomonokagaku.com/miraiscience/support/

❶ ダッシュボードを開く

　Monacaのアカウントを作成すると、まず「ダッシュボード」と書かれたページに移動するよ❶。このダッシュボードのページは、つくっているアプリの一覧を見ることができ、選択するとアプリの内容を編集することができる。Scratchでいうところの、「私の作品」のページと同じだね。

❷ Monaca にログイン

　ダッシュボードのページを見るためには、Monacaのサイトにログインしておく必要がある。一度作業をやめて、Monacaのサイトにログインしていないときは、ログインしてから作業をはじめよう。画面右上にあるログインを選択して❷、メールアドレスとパスワードを入力して、ログインのボタンをクリックしよう❸。これもScratchを使う場合といっしょだから大丈夫だよね。

❸ クラウドIDE

　Monacaの無料プランを使う場合は、アプリのプロジェクト（Scratchのプロジェクトと同じだ）は3つまでしかつくれないという制限がある。アカウント作成をした段階で、はじめから「はじめてのMonacaアプリ」というサンプルのプロジェクトが用意されているから、まずはそれを開こう。プロジェクトの一覧から「開く」を選択しよう❹。

　❺の画面が開いたかな？ Monacaでは、このクラウドIDEと呼ばれる画面を使ってアプリをつくっていくよ。

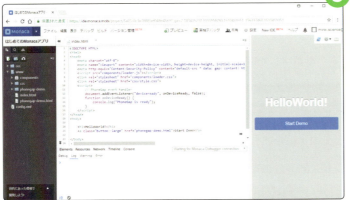

クラウドIDEの使い方は次のページへ！

Part 5　スマホアプリをつくろう　155

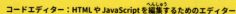
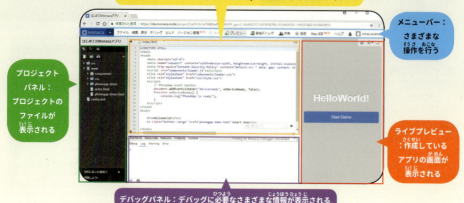

　IDEというのは、統合開発環境（Integrated Development Environment）の略で、プログラムを書くためのエディターだけでなく、バグの発見に役立つデバッガーというツールや、つくったアプリをスマホに転送するためのツールなど、プログラミングをするときに必要になるいろいろなツールをまとめて、使いやすくしたもののことだよ。

　画面の真ん中に表示されているのがコードエディターだ。ここにHTMLやJavaScriptなどを入力していくよ。

　画面の左に表示されているのは、プロジェクトパネルで、ここにアプリで使っているさまざまなファイルが表示されている。この一覧からHTMLやJavaScriptを書いたファイルをダブルクリックすると❻、コードエディターで開いて編集ができる。

　画面の右に表示されているのはライブプレビューだ。つくっているアプリの見た目がどのようになっているかを表示している。Part 4の145ページで紹介したBracketsのライブプレビューと同じだと思えばいい。画面の下にあるのはデバッグパネルだ。プログラムのエラーや、アプリの動作の情報などを確認することができるよ。

　画面の右上には、自分のメールアドレスが表示されているね。ここをクリックすると、ダッシュボードの画面に戻ったり、Monacaのサイトからログアウトしたりすることができるぞ❼。

あいさつアプリ
をつくろう

最初はシンプルなアプリをつくりながら、Monacaの使い方や基本的なアプリのつくり方を解説するよ。最初につくるのは「あいさつを表示してくれるアプリ」だ。

❶ 新しいプロジェクト

さっそく新しくプロジェクトをつくってみよう。MonacaのプロジェクトはScratchのプロジェクトと同じで、これからつくるアプリを管理するための入れ物のことだよ。

メニューバーの一番左にMonacaのロゴがあるね。その隣にある▼のアイコンをクリックすると、新しいプロジェクトをつくることができるぞ❶。「新規プロジェクトの作成」を選択すると、テンプレートを選択する画面が表示される。テンプレートは、アプリをつくるために必要なファイルの「ひな形」のことだよ。つくりたいアプリに応じて、いくつかの種類が用意されているんだ。今回はシンプルなアプリをつくって練習をしたいから、一番右の「No Framework」というボタンを

押し❷、「最小限のテンプレート」で「作成」を選択しよう❸。プロジェクト名を入力する画面が表示されるので、「あいさつアプリ」と入力して❹、「プロジェクトを作成する」を選択しよう❺。今回は説明については入力しなくてOKだ。

Part 5 スマホアプリをつくろう　157

❷ IDEを開く

プロジェクトの一覧に「あいさつアプリ」が追加されたね。「開く」を選択してIDEの画面を切り替えよう❻。「このサイトを離れてもよろしいですか？」という確認が表示される場合は「このページを離れる」を選択しよう❼。「あいさつアプリ」を編集できるIDEの画面が開いたね❽。

ライブプレビューには、「This is a template for Monaca app.（これはMonacaでつくるアプリのひな形です）」と表示されているはずだ。

ライブプレビューの
最初の表示

❸ HTMLの編集

コードエディターでindex.htmlが開いていることを確認して、次の文字列が書かれている部分を探してみよう。

14行目に改行のための「
」のタグがあり、その下の15行目に「This is a template for Monaca app.」という文字列があるね。これを「あいさつアプリ」という一番大きな表題に書き換えてみよう❾。表題を書くためのタグは覚えているかな？「h1」のタグだったね。Monacaのコードエディターも、Brackets と同じように、タグの候補を自動的に表示してくれる機能（141ページ参照）があるから活用しよう。

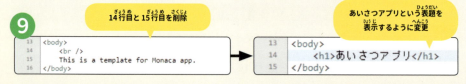

14行目と15行目を削除

あいさつアプリという表題を
表示するように変更

❹ 保存する

うまく修正できたら、ファイルメニューから、「保存」を選択❿して、編集したindex.htmlを保存しよう。

編集をして、保存をしていないファイルについては、エディターの上にあるファイル名の先頭に「＊」のマークが表示されるよ⓫。保存するとこのマークは消えるぞ。

保存をすると自動的にライブプレビューが更新されて、表示されている文字が「あいさつアプリ」に変わったはずだ⓬。ここまではPart 4でやったHTMLの編集とほとんど同じだから簡単だよね。

もし、ライブプレビューが自動的に更新されない場合、更新のためのボタン（丸い青い矢印）を押せば⓭、最新の内容に更新されるよ。

❺ JavaScriptとは？

次はJavaScriptを書いてみよう。

JavaScriptはWebブラウザーで実行することができるプログラミング言語だ。JavaScriptを使えば、いろいろなしくみをもったWebサイトをつくることができる。今回はWebサイトではなく、スマホアプリをつくっているけれど、スマホのOSには、HTMLを表示したり、JavaScriptを実行したりするための部品（WebViewと呼ばれる）が内蔵されている。HTMLで画面をつくり、JavaScriptを使ってしくみをつくれば、スマホのアプリとして動作させることができるんだ。HTMLファイルの中に「script」というタグを書いて、その中にJavaScriptを書くことができるぞ⓮。

❻ JavaScriptを書こう

index.htmlの10行目と11行目を見てみよう。じつは「script」タグはすでに用意されているぞ。このscriptタグの中にJavaScriptを書けば、index.htmlが表示されたときに実行されるよ。

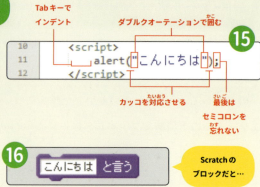

あいさつアプリという名前にしたけれど、まだ何のあいさつもしてくれないよね。「アラート」という小さなウインドウを表示させて、そこにあいさつを表示させるようにしてみよう。アラートを表示させて、その中にメッセージを表示させるためのJavaScriptは⑮のようになるぞ。「こんにちは」以外はすべて半角で入力することに注意しよう。Scratchの「と言う」のブロック⑯と同じだと考えるとわかりやすいね。Bracketsと違って、自動的にインデント（141ページ参照）はつかないので、scriptのタグに囲まれたJavaScriptを入力する場合は、Tabと書かれたキー押して、インデントのスペースを入力するほうが読みやすくなるぞ。

❼ 保存する

入力できたら、保存をしよう。保存をすると、⑰のようなアラートが表示される。もし表示されない場合は、JavaScriptが間違っていないかを確認してみよう。少しわかりにくいけれど、これはMonacaのライブプレビューで、今書いたアラートが表示されたということだよ。

❽ スマホで動作確認しよう

つくったあいさつアプリをスマホで動かしてみよう！ Monacaには「実機デバッグ」という機能があって、つくったアプリをスマホで試しに動かしてみることができるよ。

❶ Monacaデバッガーのインストール

つくったスマホアプリを実際のスマホで動かすためには、7ページにある環境を備えたスマホの機種を用意した上で、「Monacaデバッガー」という無料のアプリをインストールする必要があります（iPhone、Android対応）。以下のプログラミングサポートページの「Monacaデバッガーのインストール」の項目で紹介している手順でアプリをインストールして、Monacaと同じメールアドレスとパスワードでアプリにログインしてください。

https://kodomonokagaku.com/miraiscience/support/

Monacaデバッカーのアプリにログインすると、Monaca.ioプロジェクトの欄に今つくっている「あいさつアプリ」が見えるはず。これをタップする⓱。

アプリを起動して動作を確認することができるぞ⓳。

画面の右下に表示されているのは、デバッガーメニューを表示するためのボタンだよ⓴。これを押すと、メニューが表示されて、いろいろな操作ができるぞ㉑。

Part 5　スマホアプリをつくろう

あいさつアプリを改造しよう

ここまでつくったあいさつアプリは、アプリを起動するとすぐにアラートが表示されていたね。「イベント」と「関数」を使って、アプリを起動した後で、ボタンを押すとあいさつを表示するように改造してみよう。まずは下に、次の❶から❸で作成・編集するHTMLやJavaScriptを整理しておくよ。どこを書いているかわからなくなったら、このページに戻って確認しよう。

```
1   <!DOCTYPE HTML>
2   <html>
3   <head>
4       <meta charset="utf-8">
5       <meta name="viewport" content="width=device-width, initial-scale=1, maximum-scale=1,
6       <meta http-equiv="Content-Security-Policy" content="default-src * data: gap: content:
7       <script src="components/loader.js"></script>
8       <link rel="stylesheet" href="components/loader.css">
9       <link rel="stylesheet" href="css/style.css">
10      <script>
11          function hello(){
12              alert("こんにちは");
13          }
14      </script>
15  </head>
16  <body>
17      <h1>あいさつアプリ</h1>
18      <button onclick="hello();">あいさつをする</button>
19  </body>
20  </html>
```

❷ 関数をつくる（11〜13行目）

❶ ボタンの設置（18行目）

❸ 関数の呼び出し（onclick="hello();"）

❶ ボタンの設置

「イベント」というのは、ユーザーがボタンをクリックしたり、ページを移動したり、ユーザーの操作によって生じる「できごと」のことだよ。ここでは、ボタンを押したらあいさつを表示するようにアプリを改造するぞ。

まずはボタンを表示させるためのHTMLをindex.htmlに加えよう。ボタンを表示させるためには、「button」というタグを使うよ。お手本を参考にして追加してみよう❶。buttonというタグを使うと、HTMLでクリックできるボタンを表示させることができる。タグで囲んだ内容はボタンのラベルになるよ。今回は「あいさつをする」というラベルにしてみた。HTMLが完成したら、保存をして、ライブプレビューでボタンが表示されたか確認してみよう❷。

スマホでMonacaデバッガーを表示させたままにしておくと、更新を自動で検知して、表示を更新してくれるぞ❸。

ボタンがついたよ！

❷ 関数をつくる（定義する）

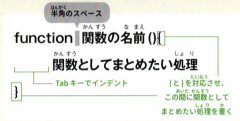

カッコを忘れないように

さて、今のままではボタンを押してもなにもおこらないし、index.html を保存するとアラートが表示されてしまうね。これを改善してみよう。

まずは、JavaScript のアラートを表示している部分を「関数」として書き直す必要がある。関数というのは、プログラムの処理をまとめて、名前をつけたものだよ。今回は、アラートを表示する処理をまとめて、hello という名前をつけた関数をつくってみよう❹。関数のつくり方の基本は右の図の通りだ。関数をつくることを、関数を「定義する」ともいうよ。関数の名前は半角英数でつけることに注意しよう。

❸ 関数の呼び出し

```
16  <body>
17      <h1>あいさつアプリ</h1>
18      <button onclick="hello();">あいさつをする</button>
19  </body>
```

ダブルクオーテーションで囲む　❺
半角スペース　helloという関数の呼び出し

関数呼び出しの書き方

関数の名前 ();

最後はセミコロンを忘れない

hello という名前の関数がつくれたら、ファイルを保存しよう。ファイルを保存してもアラートは表示されなくなったね。関数をつくっただけでは、関数としてまとめた処理は実行されないんだ。関数の名前を指定して「呼び出し」をすると、関数としてまとめた処理が実行されるようになるぞ。

今回は、ボタンが押されたらこの hello という関数を呼び出すようにしてみる❺。ボタンの HTML にクリックされたイベントを調べて、hello という関数を呼び出すようなしくみを追加しよう。ここでは、ボタンの HTML に onclick という部分を追加して、hello という名前の関数を呼び出すようにしているよ。

④ クリックして確認

保存をしたら、ライブプレビューに表示されているボタンをクリックして❻、アラートが表示されることを確認しよう❼。

Monacaデバッガーでも同じように動作をすることを確認してみよう❽❾。

じつはこの関数に似たものをつくる機能はScratchにも用意されているよ。Scratchでは「その他」のカテゴリから、新しいブロックを自分でつくることができる。たとえば、helloというブロックをつくって、内容を「こんにちは」という吹き出しが表示されるようにしておく。スプライトがクリックされたら、helloというブロックを実行するようにしたのと同じことだよ。少し違うのは、今回つくったHTMLでは、ボタンという別の部品（スプライト）がクリックされたらhelloという関数（ブロック）を実行できるようにしたことだね。

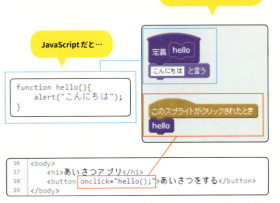

❺ 入力の受け取り

```
10      <script>
11          function hello(){
12              var name = prompt("お名前は？");
13              alert(name + "さん、こんにちは");
14          }
15      </script>
```
❿

最後の仕上げに、162ページのHTMLとJavaScriptからさらに、自分の名前を入力して、あいさつに含めるようにしてみよう。❿のように書いていくよ。完成した動作は⓫のようになる。Monacaデバッガーでも、名前を入力してあいさつを表示させることができるぞ。

では、書いたプログラムのポイントを解説していこう。ユーザーからの入力を受け取るときは、「prompt」という命令を使うよ。そして、JavaScriptでもScratchと同じように変数を使うことができるぞ。

12行目は入力された名前を保存しておく部分だね。ここでは名前を保存しておくためにnameという変数を用意した。JavaScriptの場合は、

⓫

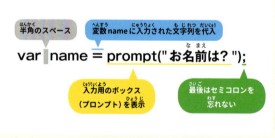

varの後に半角スペースを入れて、変数の名前を書くよ。Scratchの場合は、「変数を作る」というボタンを押して、変数の名前を入力したよね。JavaScriptの場合は変数の準備についても文字で書くぞ。

Scratchと違って、変数の名前に漢字やひらがなは使えないから注意しよう※。変数に代入する場合は＝（イコール）を使う。この場合は、ユーザーが入力用のボックス（プロンプト）に入力した文字列（名前）を代入している。Scratchの場合は「＝」の記号は代入ではなく、比較をするときに使っていたから注意しよう。

13行目では、変数nameには、入力された名前が代入されているから、これと「さん、こんにちは」という文字列をつなげて表示している。変数と文字列をつなげるために＋（プラス）の記号を使うよ。

Scratchにも入力用のボックスを表示するための、「と聞いて待つ」というブロックが用意されているから、ほとんど同じことができる。参考のためにScratchで同じことをした場合のスクリプトも載せておくね⓬。Scratchの場合は、入力された文字列は「答え」という変数に代入されるようになっているのがJavaScriptと違うところだね。

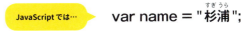

nameという名前の変数を用意して、杉浦という文字列を代入する

JavaScriptでは…

var name = "杉浦";

Scratchでは…

⓬ Scratchのブロックだと…

※ 関数や変数に名前をつけるときは、次の3つのことに注意しよう。
①数字、英字、_と$の記号が使える
②JavaScriptの予約語（特別な意味を持つ単語）を名前にすることはできない
主な予約語
break・case・catch・continue・default・delete・do・else・false・finally・for・function・if・in・instanceof・new・null・return・switch・this・throw・true・try・typeof・var・void・while・with
③数字から始まる名前をつけることはできない

Part 5　スマホアプリをつくろう　167

クイズアプリを
つくろう

ここからは今まで解説したことも使って、プログラミングに関するクイズのアプリをつくってみよう。ぜんぶで4つの画面のアプリだ。

❶ クイズアプリの設計

まずはこれからつくるアプリの内容を整理しておこう。アプリを起動すると、クイズが3問出題される。最初の問題はボタンで答える5択の問題だ。次は絵をタップして答える3択の問題。最後は、答えを文字で入力をして答えるタイプの問題だよ。

3問の問題に答え終わると、最後のページで正解数が表示され、正解数によってコメントが変わるようにしてみよう。

ここではプログラミングに関するクイズを例にしたけど、問題のテーマはなんでもいいよ！やり方がわかったらオリジナルのクイズアプリをつくってみよう。

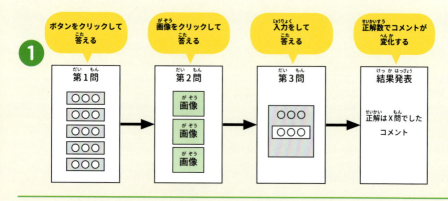

❷ 準備しよう

新規プロジェクトの作成をクリック❷。

あいさつアプリと同じように、No Frameworkの最小限のテンプレートを選択して❸、作成をクリックしよう❹。

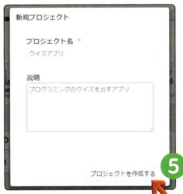

名前はクイズアプリにして、説明もそえてプロジェクトを作成しよう❺。

プロジェクトがつくれたら、開くをクリックしてIDEを起動するよ❻。

最初にクイズアプリに必要なHTMLのファイルをぜんぶ用意しておこう。画面左のプロジェクトパネルのindex.htmlを右クリックし、「ファイルのコピー」を選択しよう❼。

ページの名前はquiz2.html（2問目を出題するページ）と入力して❽、OKをクリックしよう❾。

同じようにindex.htmlをコピーする作業をしてquiz3.html（3問目を出題するページ）とrecord.html（結果を表示するページ）をつくろう❿。

Part 5　スマホアプリをつくろう　169

❸ HTML の編集と正解判定

まずは1ページ目(index.html)からつくっていくよ。HTMLを編集して、問題と答えを選ぶボタンを表示させよう⓫。これはこれまでの復習だから簡単だね。

次にそれぞれのボタンを押したときに実行される関数をつくるよ。正解のボタンは5つのうち1つだけだ。正解だったときに実行される関数を correct(正解)、間違いだったときに実行される関数を incorrect(不正解)という名前でつくろう⓬。

関数の内容として、正解か不正解かを知らせるためのアラートを表示するようにしておこう。ちなみに、正解(日本で作られたプログラミング言語)は Ruby だ。

次にHTMLのボタンの部分に⓬でつくった関数の呼び出しを加えるよ⓭。Ruby のボタンだけは correct 関数を呼び出すようにして、それ以外のボタンはみんな incorrect 関数を呼び出すようにすればいいね。この段階でボタンを押してみて⓮、正解(すごい！正解だよ！)か不正解(残念！はずれ！)のアラートが表示されることを確認しておこう⓯。

Monacaデバッガーでも同じようにボタンをタップして⑯、表示がでることを確認しておこう⑰。

❹ ページを移動する処理

次に、ページを移動するための処理を追加するよ。今つくっているのは最初の問題を出題するためのページだね。次のページはquiz2.htmlというファイル名でつくってある。正解のときも不正解のときも、次のquiz2.htmlに移動するように処理を追加しよう。location.hrefに移動したいページの名前を代入すると、ページを移動することができる⑱。

これも実際にボタンを押して、動作確認をしておくとよいね⑲。まだquiz2.htmlのページは編集をしていないから、ボタンを押して、「This is a template for Monaca app.」と書かれたquiz2.htmlのページが表示されればOKだ。

ライブプレビューの表示をindex.htmlに戻したいときは、更新ボタンを押せばいいぞ⑳。Monacaデバッガーの場合は、デバッガーメニューから更新ボタンをタップしよう㉑。

Part 5 スマホアプリをつくろう　171

⑤ 正解数のスコア記録

1ページ目の製作の仕上げとして、正解数のスコアを記録する方法について解説するね。scoreという変数をつくって、そこに正解数を保存すればよいのではないかと思うよね？基本的な考え方はその通りだけれど、このアプリではぜんぶで4ページのHTMLを用意して、順番に表示していく。たとえばindex.htmlのページでscoreという変数を用意して、scoreに数字を代入しても、次のquiz2.htmlのページではこのscoreに代入されている値を参照する（読み出す）ことはできない㉒。

そこで、「セッションストレージ」というしくみを使って正解数のスコアを保存することにするよ。このしくみを使うと、開いたページをまたいで変数を使うことができるぞ。使い方は変数とほとんど同じだけど、少しだけ書き方が違うよ。ここではセッションストレージの中にscoreという変数をつくって、そこに正解数を保存するよ㉓。

正解の場合は1を、不正解の場合は0を保存しておこう㉔。

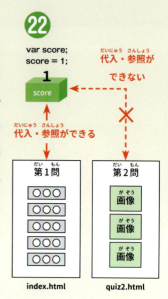

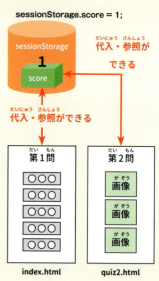

```
 9      <link rel="stylesheet" href="css/style.css
10      <script>
11          function correct(){
12              alert("すごい！正解だよ！");
13              location.href = "quiz2.html";
14              sessionStorage.score = 1;
15          }
16
17          function incorrect(){
18              alert("残念！はずれ！");
19              location.href = "quiz2.html";
20              sessionStorage.score = 0;
21          }
22      </script>
```

Monacaデバッガーを使っているときは、デバッグパネルからセッションストレージの内容を確認することができるぞ㉕。

最初のページ（index.html）のHTMLとJavaScriptを㉖にまとめておくね。

㉖
```
1   <!DOCTYPE HTML>
2   <html>
3   <head>
4       <meta charset="utf-8">
5       <meta name="viewport" content="width=device-width, initial-scale=1, maximum-scale=1,
6       <meta http-equiv="Content-Security-Policy" content="default-src * data: gap: content:
7       <script src="components/loader.js"></script>
8       <link rel="stylesheet" href="components/loader.css">
9       <link rel="stylesheet" href="css/style.css">
10      <script>
11          function correct(){
12              alert("すごい！正解だよ！");
13              location.href = "quiz2.html";
14              sessionStorage.score = 1;
15          }
16
17          function incorrect(){
18              alert("残念！はずれ！");
19              location.href = "quiz2.html";
20              sessionStorage.score = 0;
21          }
22      </script>
23  </head>
24  <body>
25      <h1>第１問</h1>
26      <p>日本で作られたプログラミング言語は？</p>
27      <button onclick="incorrect();">Scratch</button>
28      <button onclick="incorrect();">Python</button>
29      <button onclick="correct();">Ruby</button>
30      <button onclick="incorrect();">Swift</button>
31      <button onclick="incorrect();">Java</button>
32  </body>
33  </html>
```

追加したJavaScript

追加したHTML

Part 5　スマホアプリをつくろう　173

❻ 画像の準備

次は2ページ目（quiz2.html）をつくっていこう。まずはクイズの画像を用意しておこう。今回はScratchに登場する3つのオリジナルキャラクターの名前（ギガ、ノ、ピコ）を当てるクイズにしたよ。用意する画像のファイル名は半角英数字でつけておこう❷❼。これらの画像の保存場所はデスクトップにしておこう。

この画像ファイルをMonacaで使うには、ファイルをアップロードする必要がある。IDEの画面の左にあるプロジェクトパネルから、wwwというフォルダーのアイコンを右クリックしてメニューを表示させ、「アップロード」を選択しよう❷❽。表示された黒いウインドウの真ん中の部分に、デスクトップにある画像ファイルをドラッグするか、ファイル選択ボタンを押して画像ファイルを選択して、3枚ともアップロードしよう❷❾。

アップロードが終わったら、×ボタンで黒いウインドウは閉じておこう❸⓪。

プロジェクトパネルに3つのファイルが追加されているか確認しよう❸❶。ファイルをダブルクリックすれば、画像を見ることもできるよ❸❷。

❼ 問題文と画像表示のタグ

```
12  </head>
13  <body>
14    <h1>第2問</h1>
15    <p>Scratchのキャラクター、ピコは？</p>
16    <img src="giga.png" width="90px">
17    <img src="nano.png" width="90px">
18    <img src="pico.png" width="90px">
19  </body>
20  </html>
```
㉝

ファイルがアップロードできたら、問題文と画像を表示するためのタグをquiz2.htmlに書き加えよう。まずはquiz2.htmlをダブルクリックして、エディターを開き、3つのimgタグを加えるよ㉝。この画像の表示の方法はPart 4で解説した内容だから、大丈夫だね。

ライブプレビューでは、常にindex.htmlの内容が表示されるようになっている。今つくっているquiz2.htmlの画面を確認したい場合は、第1問に回答をして、次の第2問に進めばquiz2.htmlの内容を確認することができるぞ。

スマホは画面が小さいので、一列に3つの画像が表示されるように、画像の横幅を90px（ピクセル）に指定したよ。widthの前に半角でスペースを忘れないように注意しよう。使っているスマホの画面が狭い場合は、90pxという数値を変える必要がある。実際にMonacaデバッガーで確認してみるといいぞ㉞。

❽ 関数をコピーする

次に関数を用意しよう。じつは関数の中身は index.html でつくった JavaScript と同じだから、index.html でつくった2つの関数（correct 関数と incorrect 関数）の文字をドラックで選択して、右クリックで出てきた表示のコピーをクリックする❸❺。そのまま quiz2.html に戻って、11の行から貼りつけよう❸❻。タブを使って2つのファイルを切り替えることができるぞ。貼りつけたときにインデントがずれたら修正しておこう。

❾ 2ページ目の仕上げ

correct 関数と incorrect 関数の内容を少しだけ変更しよう❸❼。修正のポイントは2つだよ。1つ目は、移動するページの名前の変更だ。両方とも quiz3.html に移動するように変更しておこう。

2つ目は、スコアの計算。正解の場合は、第1問で獲得したスコアに、第2問で獲得したスコアを足す必要がある。不正解の場合は、スコアは0から変化しないから、incorrect 関数のスコアに関する命令は消しておこう。

現在の score に 1 を加える

Scratch のブロックだと…

176

次に画像をタップしたら実行する関数を指定しよう。ボタンと同じようにonclickを追加すれば、画像をクリックしたときに実行する関数を指定することができるぞ。ピコの画像 (pico.png) だけは correct 関数を実行するようにして、あとの2つは incorrect 関数を指定すればよい㊳。

㊳

```
22    </head>
23    <body>
24        <h1>第2問</h1>
25        <p>Scratchのキャラクター、ピコは？</p>
26    <img src="giga.png" width="90px" onclick="incorrect();">
27    <img src="nano.png" width="90px" onclick="incorrect();">
28    <img src="pico.png" width="90px" onclick="correct();">
29    </body>
30    </html>
```

㊳に第2問のページ (quiz2.html) の HTML と JavaScript をまとめておくね。ライブプレビューでも動作を確認して、第3問のページに移動することをチェックしておこう。

㊴

```
1   <!DOCTYPE HTML>
2   <html>
3   <head>
4       <meta charset="utf-8">
5       <meta name="viewport" content="width=device-width, initial-scale=1, maximum-scale=1,
6       <meta http-equiv="Content-Security-Policy" content="default-src * data: gap: content:
7       <script src="components/loader.js"></script>
8       <link rel="stylesheet" href="components/loader.css">
9       <link rel="stylesheet" href="css/style.css">
10      <script>
11          function correct(){
12              alert("すごい！正解だよ！");
13              location.href = "quiz3.html";
14              sessionStorage.score++;
15          }
16
17          function incorrect(){
18              alert("残念！はずれ！");
19              location.href = "quiz3.html";
20          }
21      </script>
22  </head>
23  <body>
24      <h1>第2問</h1>
25      <p>Scratchのキャラクター、ピコは？</p>
26      <img src="giga.png" width="90px" onclick="incorrect();">
27      <img src="nano.png" width="90px" onclick="incorrect();">
28      <img src="pico.png" width="90px" onclick="correct();">
29  </body>
30  </html>
```

追加した
JavaScript

追加した
HTML

Part 5　スマホアプリをつくろう　177

⑩ 3ページ目のHTMLの編集

```
12    </head>
13    <body>
14        <h1>第3問</h1>
15        <p>JavaScriptで変数を作るときに使う命令は？</p>
16        <button onclick="quiz3();">答えを入力</button>
17    </body>
18    </html>
```
❹⓪

第3問のページをつくっていこう。まずはHTMLからだね。問題文と、答えを入力するためのボタンを表示するようにしたよ❹⓪。ボタンを押して実行する関数はquiz3という名前にしたぞ。

このボタンを追加

⑪ 入力の受け取り

```
 9    <link rel="stylesheet" href="css/style.css">
10    <script>
11        function quiz3(){
12            var answer = prompt("ヒント：英語で3文字だよ");
13            if(answer == "var"){
14                alert("すごい！正解だよ！");
15            }else{
16                alert("残念！はずれ！");
17            }
18        }
19    </script>
20    </head>
21    <body>
22        <h1>第3問</h1>
23        <p>JavaScriptで変数を作るときに使う命令は？</p>
24        <button onclick="quiz3();">答えを入力</button>
```
❹①

次はquiz3の関数をつくっていこう。プロンプトを表示して答えを入力してもらい、それが正解かどうかを調べるJavaScriptを書いていくぞ❹①。プロンプトを表示して変数に代入するのは、あいさつアプリの応用だ。今回の変数名はanswer（答え）にしたよ。これで入力された内容がanswerという変数に代入できる。そのanswerの内容を調べて、正解か不正解かを判断する必要があるね。

JavaScriptではifという命令を使って「条件分岐」(41ページ参照)を書くぞ。上に条件分岐の書き方をまとめたので参考にしよう。Scratchのブロックと比べてみたのが❷だ。Scratchと違うのは、入力された答えを保存しておく変数answerを自分で用意していることと、答えを調べるときの記号が==になっていることだね。

正解のvarという文字列を入力すると、正解と表示されること。違う文字列を入力すると不正解となることを確認しておこう❸。

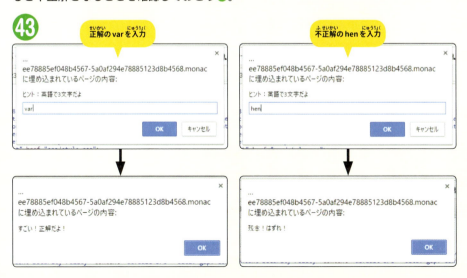

Part 5 スマホアプリをつくろう　179

⓬ 3ページ目の仕上げ

正解の場合も不正解の場合も、最後のページのrecord.htmlに移動する。また、正解の場合はスコアを増やすという処理を追加しよう㊸。

```
 9        <link rel="stylesheet" href="css/style.css">
10        <script>
11            function quiz3(){
12                var answer = prompt("ヒント：英語で3文字だよ");
13                if(answer == "var"){
14                    alert("すごい！正解だよ！");
15                    location.href = "record.html";
16                    sessionStorage.score++;
17                }else{
18                    alert("残念！はずれ！");
19                    location.href = "record.html";
20                }
21            }
22        </script>
23    </head>
24    <body>
25        <h1>第3問</h1>
```

㊸

㊹に第3問のページ（quiz3.html）のHTMLとJavaScriptをまとめておくね。

㊹

```
 1  <!DOCTYPE HTML>
 2  <html>
 3  <head>
 4      <meta charset="utf-8">
 5      <meta name="viewport" content="width=device-width, initial-scale=1, maximum-scale=1,
 6      <meta http-equiv="Content-Security-Policy" content="default-src * data: gap: content:
 7      <script src="components/loader.js"></script>
 8      <link rel="stylesheet" href="components/loader.css">
 9      <link rel="stylesheet" href="css/style.css">
10      <script>
11          function quiz3(){
12              var answer = prompt("ヒント：英語で3文字だよ");
13              if(answer == "var"){
14                  alert("すごい！正解だよ！");
15                  location.href = "record.html";
16                  sessionStorage.score++;
17              }else{
18                  alert("残念！はずれ！");
19                  location.href = "record.html";
20              }
21          }
22      </script>
23  </head>
24  <body>
25      <h1>第3問</h1>
26      <p>JavaScriptで変数を作るときに使う命令は？</p>
27      <button onclick="quiz3();">答えを入力</button>
28  </body>
29  </html>
```

追加した JavaScript

追加した HTML

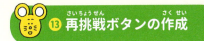

⓭ 再挑戦ボタンの作成

いよいよ最後の結果表示（record.html）のページだ。

まずはもう一度クイズに挑戦できるようにするためのボタンを用意して、そのボタンが押されたら実行されるresetという名前の関数をつくろう。resetの関数では、第1問を出題するindex.htmlに戻るようにして、スコアを0に戻しておくよ㊻。

```
 9     <link rel="stylesheet" href="css/style.css">
10     <script>
11         function reset(){
12             location.href = "index.html";
13             sessionStorage.score = 0;
14         }
15     </script>
16   </head>
17   <body>
18     <button onclick="reset();">もう一度最初から</button>
19   </body>
20 </html>
```
㊻

⓮ コメント表示

次はスコアに応じたコメントを表示する部分をつくろう。関数としてつくった処理は、ページが読み込まれたときには実行されず、関数を呼び出すことが必要だったね。scriptのタグに書かれたJavaScriptの命令は関数としてつくった以外の部分の命令は、ページが読み込まれたときに実行される。最初に結果発表という文字を画面に表示する命令をつけ加えて、動作を確認してみよう㊼。追加するのは、document.writeという命令だよ。これは画面に指定した文字列を表示するものだ。この命令はreset関数の上に書いてあるぞ。scriptタグの中に書かれた命令は基本的には上から順番に実行されていくけれど、関数としてつくった部分は呼び出しがなければ実行はされない㊽。

```
 9     <link rel="stylesheet" href="css/style.css">
10     <script>
11         document.write("<h1>結果発表</h1>");
12
13         function reset(){
14             location.href = "index.html";
15             sessionStorage.score = 0;
16         }
17     </script>
```
㊼

㊽

```
 9     <link rel="stylesheet" href="css/style.css">
10     <script>
11         document.write("<h1>結果発表</h1>");   ← ページが読み込まれたら実行
12
13         function reset(){
14             location.href = "index.html";
15             sessionStorage.score = 0;
16         }
17     </script>
18   </head>
19   <body>
20     <button onclick="reset();">もう一度最初か
```
reset関数の呼び出しがあるまで実行されない

Part 5　スマホアプリをつくろう　181

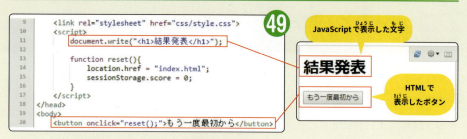

　scriptタグの後のHTMLも上から順番に表示されていくから、今回は結果発表という文字はJavaScriptで表示させて、ボタンはHTMLで表示させているということになるね㊾。

　なぜこんなことをしているかというと、結果発表という表示は毎回共通だけれど、スコアはsessionStorage.scoreに保存してあり、コメントはその値によって変化をさせる必要があるからだ。HTMLにスコアに関するコメントを書いてしまっては、毎回同じ表示になってしまう。だからJavaScriptからコメントを表示させる必要があるんだね。

```
 9      <link rel="stylesheet" href="css/style.css">
10      <script>
11          document.write("<h1>結果発表</h1>");
12          document.write("<h2>正解は" + sessionStorage.score + "問でした</h2>");
13          if(sessionStorage.score == 3){
14              document.write("<p>全問正解！大変よくできました！</p>");
15          }else{
16              document.write("<p>もう一度挑戦して、全問正解を目指そう！</p>");
17          }
18
19          function reset(){
20              location.href = "index.html";
21              sessionStorage.score = 0;
22          }
23      </script>
24  </head>
25  <body>
26      <button onclick="reset();">もう一度最初から</button>
```
㊿

　ではスコアとそれに応じたコメントを表示する部分をつけ加えよう。今回はシンプルに3問正解だった場合とそれ以外の場合に分けてみたよ㊿。record.htmlについては、HTMLとJavaScriptのまとめはないけれど、㊿をよく見て確認しよう。クイズアプリでつくるHTMLとJavaScriptは、8ページで紹介しているサポートページからダウンロードもできるよ。うまく動作しないときはサポートページを見てね。

182

⑮ 動作結果をチェック

これでクイズアプリは完成だ。Monacaデバッガーを使って、全問正解の場合(51)、そうでない場合の両方の動作確認をしておこう。

(51)
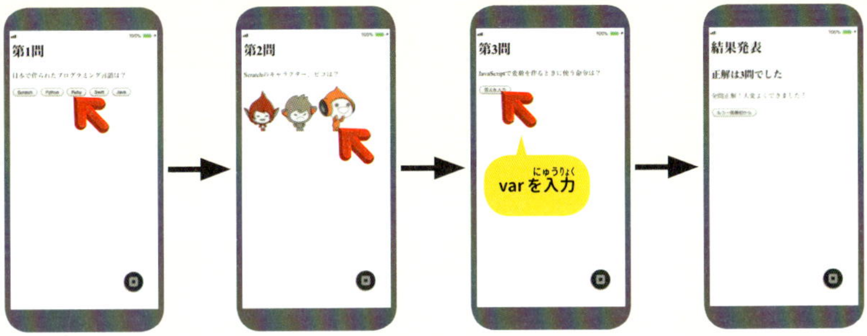

⑯ アプリのビルドの準備

(52)

Monacaデバッガーでもアプリの動作を確認することができるけれど、Androidのスマホを使っている場合、ほかのアプリと同じように、クイズアプリとして動作させることができるぞ。必要なファイルを準備して、アプリの準備をすることを「ビルド」というよ。

まずはビルドのメニューから「Androidアプリのビルド」を選択しよう(52)。

アプリの設定のAndroidの項目を選択して(53)、アプリケーション名とパッケージ名を変更しよう。パッケージ名は元から入力されている「com.example.helloworld」を少し変更するだけで大丈夫だよ(54)。

(53) (54)

⑰ アイコンの設定

次にアプリのアイコンを設定しよう。アイコンにしたい画像をpng形式で用意しよう。ある程度の大きさの画像を用意して、一括で設定するの下にある「アップロード」を選択し㊺、アイコンとして設定したい画像ファイルを選択しよう。

クイズアプリなので、はてなマークの画像をアップしているよ。アイコンの設定が終わったら「保存する」をクリックしよう㊻。

⑱ ビルドの開始とインストール

画面の左から、ビルド/ビルド設定のAndroidを選択しよう。デバッグビルドを選択して㊼、「ビルドを開始する」のボタンを押すよ㊽。画面が切り替わって処理がはじまるので、しばらく待とう。

ビルドがうまくいくと、QRコードなどが表示されたページに切り替わるぞ。一番手軽なのは、画面に表示されたQRコードをスマホで読み取ってアプリをインストールする方法だ㊾。

QRコードを読み取れば、アプリのファイルがダウンロードできるよ※。ダウンロードしたファイルを選択して❻⓪、インストールをタップしよう❻①。ダウンロードの際に、Monacaのサイトにサインインするように指示された場合は、メールアドレスとパスワードを入力しよう。「アプリをインストールしました。」の表示がでれば、アプリのインストールは完了だね❻②。

ほかのアプリと同じようにクイズアプリが使えるようになるぞ❻③。なお、今使っている無料のプランだと、1日に3回までしかビルドができないから注意しよう。

iPhoneなどのiOSが動作しているスマートフォンについては、ビルドにアップル社から発行してもらう証明書が必要なので、少し準備が大変だよ。詳しい方法については以下のMonacaのマニュアルを見てみよう。

https://docs.monaca.io/ja/monaca_ide/manual/build/ios/build_ios/

※アプリがインストールできない場合は、「設定」のメニューから「ユーザ設定」の「セキュリティ」を選択し、「提供元不明のアプリ」を一時的に許可しよう。インストールが完了したら「提供元不明のアプリ」の設定は元に戻すようにすること。

Part 5　スマホアプリをつくろう　185

チャレンジを終えた キミたちへ

この本で紹介したいろいろなテーマのプログラミングは楽しんでもらえたかな？

最後に、この本のタイトル「プログラミングでなにができる？」について考えてみよう。この本を読んで、答えは見つかった？

答え：

プログラミングができれば、コンピューターやスマートフォンを使ってできることは、なんだってできる！

これまでみんながコンピューターやスマートフォンを使って「できること」はなんだったか考えてみてほしい。

ゲームをすること？

動画を見ること？

友達とおしゃべりすること？

ゲームをするのは好きだけど、ゲームをつくるのも楽しかったよー！

でも、こうしたことは誰かがプログラムを書いてくれたらできることだよね。

この本を読んでくれたみんなは、誰かがつくってくれたプログラムを「使う」だけでは満足できなくなったはず。だって自分でもつくれるということがわかってしまったんだからね！

もっとおもしろくて、役に立って、人を幸せにするようなプログラムをつくって、コンピューターやスマートフォンを誰も見たことのない道具に変身させられないかな？　これがこの本を手にとってくれた、ミライの社会を生きるみんなと一緒に考えてみたかったことだよ。そして、近い将来、みんながコンピューターやスマートフォンのまったく新しい使い方を発明するきっかけになればと思って、この本を書いたんだ。

プログラミングを学ぶと、コンピューターやスマートフォンで簡単にできること、むずかしいこと、がわかってくるね。そして、どうやって動作しているかという、しくみに近づくことができる。これが発明のヒントになるはずだ。そして、このミライの発明のヒントは、いろいろなトコロにあるはずだ。

コンピューターやインターネットを使っているときだけじゃなくて、図書館で借りた本の中に、家の近くの公園に、美術館や博物館に、学校からの帰り道に。発明のヒントはみんなの身の回りにたくさんあるはずだ。そうしたヒントを発見できるように、プログラミングではないことにも、たくさんチャレンジしてみよう。

この本の内容だけで満足してはいけないよ。この本はミライの発明のスタートラインだ。

みんなが「もっとこんなものをつくってみたい!」、「こんな風にしてみたい!」と考えて、学び、行動すれば、ミライの社会はもっとおもしろく、もっと便利に、いろいろな人がもっと幸せに暮らせるようになるはずだよ。

だから、これからもプログラミングで新しいものをつくることにチャレンジしていこう!

2018年4月

杉浦 学

● Scratch は MIT メディア・ラボのライフロング・キンダーガーテン・グループによって開発されました。詳しくは http://scratch.mit.edu をご参照ください。

● 本書に記載されている商品名、社名などは一般に各社の商標、または登録商標です。本文中では TM、®、© マークは明記しておりません。

● 174 〜 175 ページに掲載のキャラクター「giga」、「nano」、「pico」は、マサチューセッツ工科大学 (MIT) の商標です。本書の作成にあたり、MIT メディア・ラボのライフロング・キンダーガーテン・グループの許諾を受けて使用しました。第三者が許諾なしにこれらを自由に使用することはできません。

監修者

阿部和広
あべ・かずひろ

1987 年よりオブジェクト指向言語 Smalltalk の研究開発に従事。パソコンの父として知られるアラン・ケイ博士の指導を 2001 年から受ける。Squeak Etoys と Scratch の日本語版を担当。近年は子供向け講習会を多数開催。OLPC（$100 laptop）計画にも参加。著書に『小学生からはじめるわくわくプログラミング』（日経 BP 社）、共著に『ネットを支えるオープンソースソフトウェアの進化』（角川学芸出版）、監修に『作ることで学ぶ』（オライリー・ジャパン）など。NHK E テレ「Why!? プログラミング」プログラミング監修。青山学院大学客員教授、津田塾大学非常勤講師。2003 年度 IPA 認定スーパークリエータ。

著者

杉浦 学
すぎうら・まなぶ

湘南工科大学工学部情報工学科准教授。山梨英和大学非常勤講師。NPO 法人 CANVAS フェロー。慶應義塾大学環境情報学部卒業。同大学院政策・メディア研究科後期博士課程修了。博士（政策・メディア）。プログラミング教育をはじめとした情報教育、教育学習支援情報システムの研究に従事。著書に『Scratch ではじめよう！プログラミング入門』（日経 BP 社）。

スタッフ

装丁・本文デザイン／寄藤文平 ＋ 鈴木千佳子（文平銀座）

DTP ／ SPAIS（宇江喜桜　山口真里　熊谷昭典）　石橋泰介　藤原有沙

キャラクターイラスト／うえたに夫婦

図解イラスト／チューブグラフィックス（木村博之）

編集協力／塩野祐樹

撮影／青栁敏史

NDC 547

子供の科学★ミライサイエンス

ゲーム・ロボット・AR・アプリ・Web サイト……新時代のモノづくりを体験
プログラミングでなにができる？

2018 年 5 月 18 日　発　行

監修者
阿部和広
(あべ かずひろ)

著者
杉浦 学
(すぎうら まなぶ)

発行者
小川雄一

発行所
株式会社 誠文堂新光社
〒 113-0033　東京都文京区本郷 3-3-11
（編集）電話 03-5805-7765　（販売）電話 03-5800-5780
http://www.seibundo-shinkosha.net/

印刷・製本
大日本印刷 株式会社

©2018, Manabu Sugiura.　Printed in Japan

検印省略

本書記載の記事の無断転用を禁じます。万一落丁・乱丁の場合はお取り替えいたします。本書のコピー、スキャン、デジタル化等の無断複製は、著作権法上の例外を除き、禁じられています。本書を代行業者等の第三者に依頼してスキャンやデジタル化することは、たとえ個人や家庭内での利用であっても著作権法上認められません。

JCOPY ＜（社）出版者著作権管理機構 委託出版物＞

本書を無断で複製複写（コピー）することは、著作権法上の例外を除き、禁じられています。本書をコピーされる場合は、そのつど事前に、（社）出版者著作権管理機構（電話 03-3513-6969 ／ FAX 03-3513-6979 ／ e-mail:info@jcopy.or.jp）の許諾を得てください。

ISBN978-4-416-51805-2